U0202743

图书在版编目（CIP）数据

萤火虫环游记 / 付新华著. —上海：少年儿童出版社，2022.6
ISBN 978-7-5589-0975-7

Ⅰ. ①萤… Ⅱ. ①付… Ⅲ. ①萤科—少儿读物 Ⅳ. ①Q969.48-49

中国版本图书馆 CIP 数据核字（2022）第 073945 号

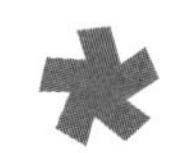

萤火虫环游记

付新华 著

赵晓音 装帧

出版人 冯　杰
责任编辑 季文惠 江泽珍　美术编辑 赵晓音
责任校对 沈丽蓉　技术编辑 谢立凡

出版发行 上海少年儿童出版社有限公司
地址 上海市闵行区号景路 159 弄 B 座 5-6 层　邮编 201101
印刷 上海中华商务联合印刷有限公司
开本 720 × 980　1/16　印张 13　字数 115 千字
2022 年 6 月第 1 版　2022 年 6 月第 1 次印刷
ISBN 978-7-5589-0975-7 / N · 1178
定价 48.00 元

序

萤火虫是一类美丽而神秘的昆虫。唐代诗人虞世南的诗“的历流光小，飘摇弱翅轻。恐畏无人识，独自暗中明”十分形象地描述了萤火虫的形态和行为学特征；南宋诗人陆游脍炙人口的诗句“老翁也学痴儿女，扑得流萤露湿衣”更是展现了男女老少对萤火虫的喜爱和痴迷。

然而从古到今，人们对萤火虫还缺乏在科学意义上的认识，甚至以讹传讹，导致“化腐为萤”这样的错误流传千年。萤火虫是我童年美好的回忆。我是从农村走出来的，记得儿时每当夜幕降临，看着漫天飞舞的流萤和眨巴眼睛的繁星，就像进入了一个梦幻世界，着实让人流连忘返。四十年过去了，现代农业、现代工业、都市化高速发展，众多自然环境受到严重破坏。原本在生态系统中占据底层位置且数量较大的萤火虫逐渐消失甚至灭绝，让人心痛不已。现在，90% 以上的城市孩子都没有见过萤火虫，这不得不说是一个遗憾。

本书的作者是中国第一个专门研究萤火虫的博士，他将全部精力都投入到了萤火虫的研究和保护之中。作为他的导师，我是看着他一步步成长发展起来的。刚开始研究萤火虫时，国内没有任何的资料可以借鉴，他积极主动联系国外的专家，虚心请教，终于完成了国内第一篇关于萤火虫的博士论文。毕业留校工作的初始，研究经费很少，他却无怨无悔，一直坚持着痴迷的萤火虫研究，常年跋山涉水，在黑暗中前行，寻找着美丽的精灵。他不辞辛劳地四处奔波，目的就是为了能发现更多的萤火虫种类，一方面展现它们的科学价值，另一方面将自然的美还原于人类。

本书图片精美，文字活泼生动，真挚感人。相信看到这本书的人都会被萤火虫所深深吸引。好好爱护萤火虫，保护它们的生存环境，这对大家都好。

雷朝亮

2011 年 6 月 25 日

武汉狮子山

III

目录

上篇

我和新华的旅行

1 我们的萤火梦

岁月像一个慢慢细细的筛子，将那些所谓快乐的和伤心的往事逐一漏下，唯剩下童年的点滴。萤火虫不曾飞到我装满海风以及水兵的童年，二十年后却在一个夏夜里径直抓住了我的心，让我用毕生的时间去陪伴它。为了弥补这一遗憾，我不停地行走，去询问别人童年的萤火梦。听着他们回忆诉说童年和萤火虫相玩的情景，一脸孩子般的神情。我是付新华，华中农业大学的教授，我研究和保护萤火虫。

我询问过一位在成都从事设计工作的朋友："小时候见过萤火虫吗？萤火虫给你留下最深的印象是什么？"一大口啤酒下肚后，这位戴着黑框眼镜的小伙子说："见过，萤火虫给我最大的印象是黑暗绝望中的鼓舞。"他说他小时候非常顽

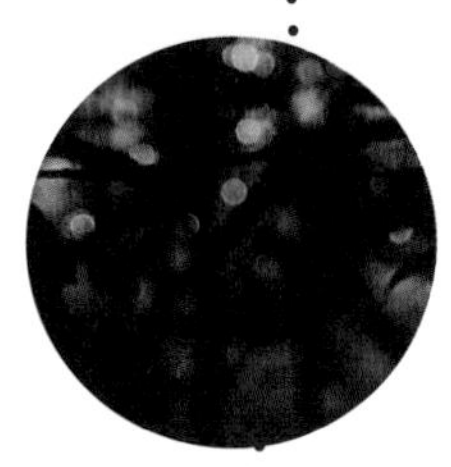

皮，有天下午带领三个小伙伴爬上了成都周边的一座荒山，为的就是上山看更多的星星。路非常难走，用刀劈开顽强的青藤后才能露出古时遗留的栈道。不料下山的时候他们迷路了，没有带任何食物和水，也没有火把照路。他们绝望地围坐在一起，被周边无尽的黑暗包围着。他们手里攥着小刀，手心渗着冷汗，任何响声都会让他们坐立不安。突然，几只萤火虫飞过他们头顶，就像大海中远方的一座灯塔，让他们的心顿时温暖起来，重新燃起了希望，身上也充满了力量。

繁重的学业经常将你压得透不过气。很多时候你也在努力地实现成绩上的突破，但同班同学的紧追不舍、老师的偏爱、家长的期许往往耗尽了你的信心和勇气。或许有一天，你可以背上背包去没有喧嚣的山里看看萤火虫。课业的困扰、校内外的压力……萤火虫的光芒会将你治愈。

有的中年人跟我讲他们小时候将萤火虫放在毛豆荚里，然后将毛豆荚缝起来，再用线将发光的毛豆荚串起来做成小灯笼，提着到处跑；有的女孩子将萤火虫装入瓶中放在蚊帐里，看着它们一闪一闪地入睡，一晚上都在做闪闪烁烁的梦；还有的将萤火虫装在南瓜花里，用手捏着花瓣将萤火虫带回家，

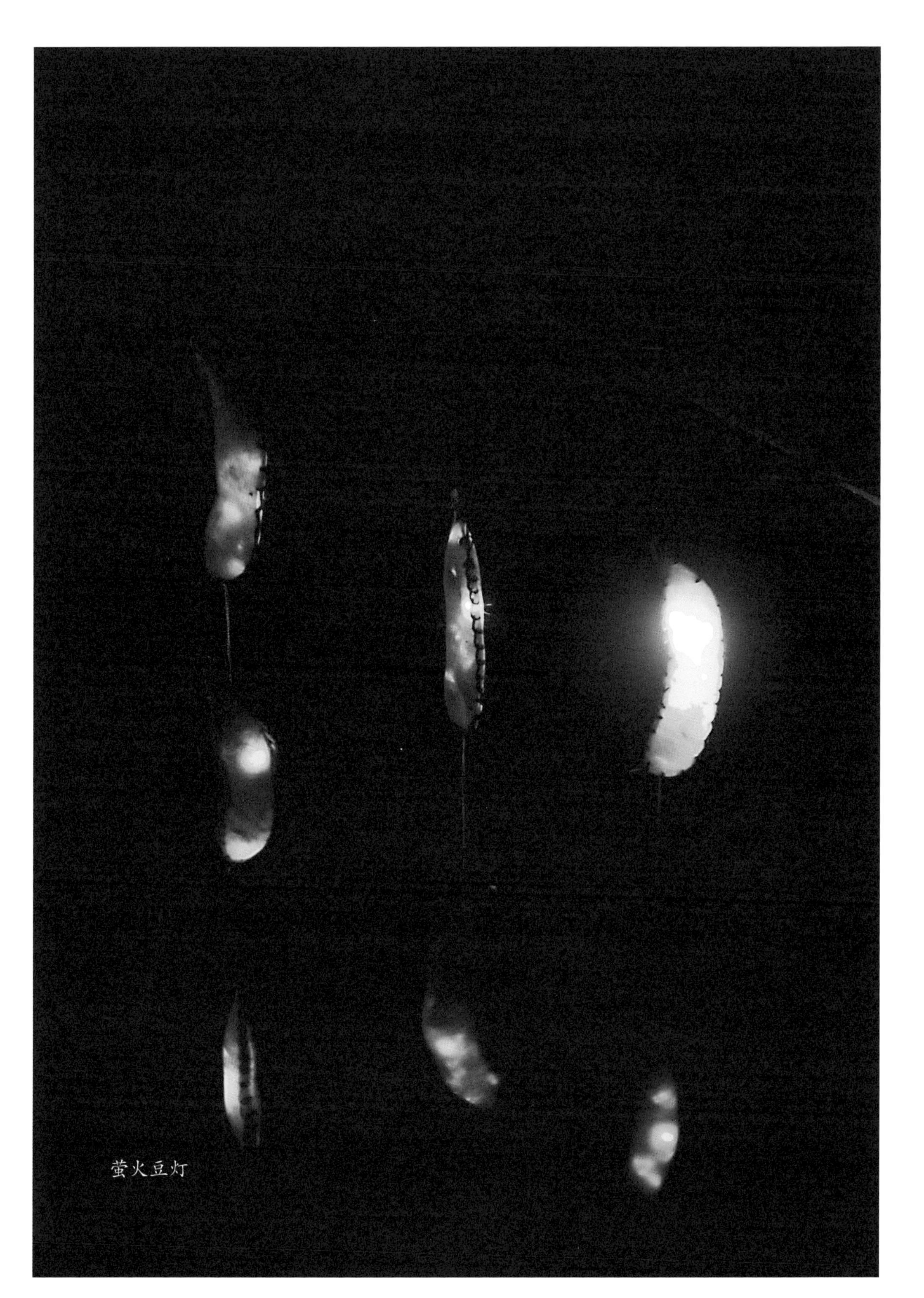

萤火豆灯

路上这盏“南瓜花灯”忽闪忽闪的，映在那些天真无邪的脸上；还有的女孩子将萤火虫装进南瓜藤，做成一条闪闪发光的项链挂在脖子上，蹦蹦跳跳地和同伴玩耍；有的男孩子恶作剧地将萤火虫捏死，然后在其他小伙伴的脸上一抹，留下一道长久不灭的荧光带，然后肆无忌惮地哈哈大笑。

在湖北大别山寻萤时，我住宿在一家小客栈里。客栈的老板听说我来研究萤火虫，顿时打开了话匣子。他兴奋地描述小时候将鸡蛋钻一个洞，然后将蛋黄和蛋清倒出，装入萤火虫，做成了一盏萤火虫小蛋灯，提着到处跑的故事。在成都安龙村调查萤火虫时，我借宿在村中。饭后喝着茶，我问长得很像李连杰的房东大哥小时见过萤火虫吗。大哥轻描淡写地说：“见过，小时候多得不得了，经常飞到家里的天井里，可是现在很少了。”我问大哥假如以后再也见不到萤火虫了会有什么感想。大哥沉默了一会儿，略带伤感地轻声说：“如果见不到了，那也没办法，见不着了也只能这样了。”我可以理解他的感受，他对于这个世界的改变是很无奈的，只能被动地接受。现实生活已经压得他喘不过气了，他已经无暇顾及这些只存在于童年中的小虫了。

很多城里人从来没有见过萤火虫。他们蜂拥着去看公园里放飞的萤火虫，那些抓自大山里的一闪一闪、奄奄一息的萤火虫，仿佛再不看，就永远看不到了。一位女科研工作者回忆道，小时候在新疆上初中，有一天晚上上晚自习，教室旁边突然飞过萤火虫，整个班的同学们都涌出去追着看这只慢慢飞远的小光亮，第二天全班讨论的都是这稀罕的宝贝。可是现在，这种宁静而平和的萤火虫真的已经离我们远去，它们或许只在童年或者童话中存在。是啊，萤火虫代表着我们逝去的童年。长大后，我们想回到童年，孩提时我们每天都嚷嚷着说自己长大了。许多朋友和我一样，童年不曾见到过萤火虫，于是用一生来弥补这个遗憾。

作为一个萤火虫的研究者和保护者，我与萤火虫的结缘可以说很早也可以说很晚。二十多年的萤火虫研究历程，冷暖自知。萤火虫在这个世上的旅行有时候也是我们自己的旅行：孤独、执着、努力、坚持不懈。有一天，我邂逅了一只萤火虫，于是，故事就这样发生了。

2 狮子山下的提灯人

华中农业大学校园里的路边草丛是我有生以来第一次与人相遇的地方——这种邂逅一点也不浪漫温柔。2000年夏天某夜雨后，在一栋实验室旁边的茂密草丛中，我还是一只总觉得自己丑陋、不自信的萤火虫幼虫。我在寻找着美味的蜗牛，还得经常点点灯来赶走那些想对我图谋不轨的异类生物。突然，一个男孩的手从空中落下来，抓住了我。我被吓了一大跳，用最强的光警告……突然间我被扔掉了，瞬间的失重让我有了一种飘然的感觉，好像我能飞了。我重重地摔了下来，现实提醒我得抓紧时间逃跑，人类太可怕了。不过显然这个愚笨的家伙被我吓了一大跳。过了一会儿，我本以为没事了，但还是被这个执着的大男孩用镊子夹了起来，装进了一个透明的玻璃盒子里。我忐忑而紧张地望着眼前这个模糊的大家伙，他似乎在沉思，不时地打开盖子用镊子轻轻碰一下我。我也毫不客气地继续使用超强光警告来吓他。最后我被这个家伙小心翼翼地释放了，还是在我原先的地方——我自由了！人类有时候真是奇怪的动物，我嘀咕着继续找吃的。吃是我的第一任务。

我的家坐落在武昌美丽的南湖之滨狮子山麓。以前的狮子山曾是日军占领区下的靶场，满目疮痍，寸草不生，漫天黄土。如今这片占地 495 公顷的土地，绿意盎然，生机勃发。狮子山上是森林的海洋，动物的天堂。晴日，鸟儿在蓊郁氤氲的凝翠中欢畅，每到夜晚，我的前辈们就在狮子山中飘来飘去，闪烁着光芒，与空中的星星谈心。林子里有着用小石

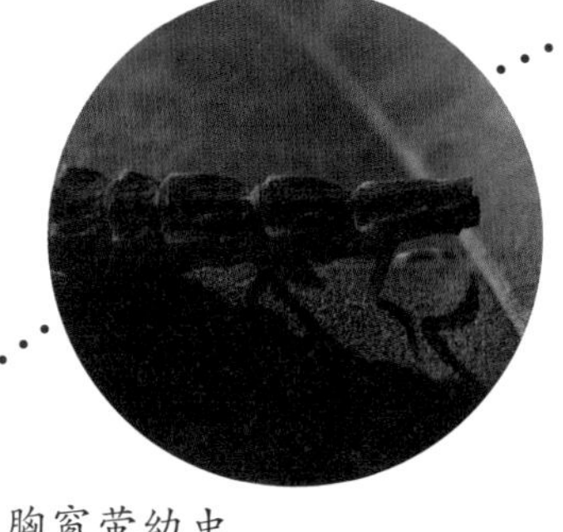

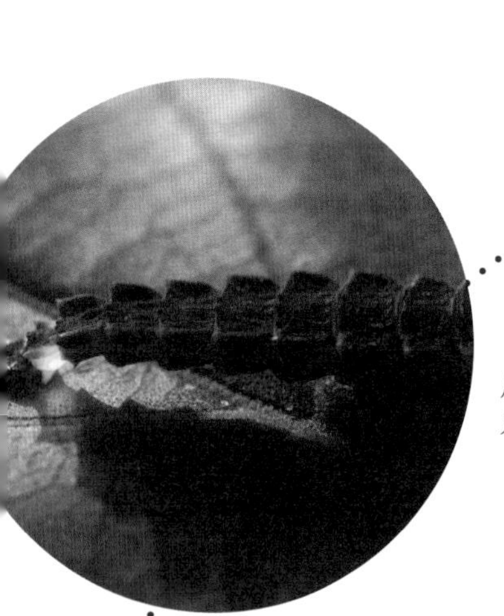

胸窗萤幼虫发光警戒

胸窗萤幼虫爬行

块铺好的步道，有些年老的人累了会坐在石凳上休憩。我前辈的前辈告诉我的父母说这些年老的人喜欢盯着我们看，仿佛他们的思绪随着我们的光芒四散而去又还复归来。

鸟儿朋友们唧唧喳喳地告诉我他们白天看到的一切。虽然我白天被日光“封印”，但是依然知道校园的一切。校园三面环湖，近九千米的湖岸线蜿蜒曲折。鸟儿们说它们飞遍了全国，只有这个学校校园是最大的，最美的。清晨，可以来湖边散散步，呼吸着城市中难得的清新空气。湖边晨读的学生专注地朗读着英语，练习着写生。许多钓鱼客可以一杯清茗、一根钓竿，惬意地在湖边打发掉一天的时间，不时有小孩跑过来翻翻竹篓，好奇地看看究竟钓到了多少鱼。

湖边有茶学专业的试验田，一大片绿油油的茶园，外面没有栅栏，也没有人看管，可以大胆地进去摘一片嫩绿的叶芽，轻轻地拂去泥土，放在嘴里慢慢咀嚼，茶香和点点涩味会透过舌尖，驱走你的倦意和疲惫。不过我对茶“不感冒”，只对新鲜而慢吞吞的“小牛仔”感兴趣。

沿茶园绕南湖边南行数十步，就是水产学院的试验田——水塘。水产养殖基地里面养殖了不少大大小小、各种各样的鱼，如果运气好的话，可以看到戴眼镜的老师指导戴眼镜的学生捕捉鱼进行实验的场面。鱼塘中老师和学生奋力地将一条几十斤重的大草鱼抱出水面，滑不溜秋的鱼儿力气惊人地大，突然间尾巴来回摆动，稍不留心便被带倒在水中，鱼塘边观看的学生们从加油的呐喊声骤然转成了惊呼声。我也是旱鸭子，真羡慕我的一些远亲水萤，他们就可以自由地在水中游来游去，爬来爬去。

如果渴了，可以去食品科技学院转一转，运气好的话还能讨得一杯学生们自己酿造的啤酒喝。一边喝着华农嫩啤，一边看着男生们在篮球场上龙腾虎跃，不时为他们加油喝彩，惬意无比。但我喝不惯这啤酒，还是草尖晶莹透亮的露珠最好喝。

学校里还有康思农蜂蜜示范园，园中的蜜蜂博物馆可以告诉你蜜蜂文化的一切。园中央摆放着数十箱蜜蜂，成千上万的蜂儿不会理会你的存在，兀自忙碌。他们匆忙地进进出出，酿造蜂蜜，照顾家人。园中的养蜂师傅还会现场演示如何饲养蜜蜂和割蜜。往嘴巴里塞一块刚从蜂箱中割下的带有蜜的蜂巢，轻轻嚼一下，香甜的蜂蜜和着滑滑的蜂蜡直沁心脾。

走在写满历史沧桑的梧桐树所遮挡下的林荫大道上，不经意间会发现一座黑色的张之洞雕像。这座雕像不大，背对着一座古老的三层教学楼，面向着南方的足球场，凝视着这座他百年前创立的“湖北农务学堂”里的来来往往。我的鸟儿朋友们经常落在他的肩膀上歇息，看着那些人类忙忙碌碌。据鸟儿的曾曾曾……曾祖父讲,1889 年至 1907 年，张之洞以武汉为中心，大力推行洋务新政，兴实业、办教育、练新军，开创了一系列震惊中外的早期现代化革新，武汉也因此由一

个破旧的市镇一跃而为“驾乎津门，直追沪上”的近代大都会。

然而，作为一个清朝重臣，张之洞极具争议性，他的命运也颇具戏剧性：一边忠心耿耿地竭力维护清廷，另一边推行洋务运动奠定了近代工业文明的物质基础和人力基础，他所任职之处——广州、武昌、南京，几乎都成为革命思想的发源地。时间飞逝，张之洞身上所承载的荣誉和梦想、权力和金钱都化成了浮云随风而去，他所创立的农务学堂却继续着他的强国梦，狮子山麓的萤火一直闪耀百余年。

时间过了好久，我吃饱了，睡足了。我在土里打了一个洞把自己封起来，我感觉一些剧烈的变化在我身上发生。痛苦的抽搐中，我脱掉了曾让我憎恨厌恶、使我极端不自信的丑陋的黑色外衣，我变白了，但是动不了。还好，我的“光之武器”还在。又过了好久，我挣扎着又蜕了一层皮，整个过程中我得相当谨慎，否则就完蛋了。我惊喜地发现，我长翅膀了，虽然它开始还是白色的，软软的，但是我能感觉到它在变硬、变黑。

我感觉到浑身充满了力量，我试探着推了推头顶的泥土，“轰”的一声，泥土崩落下来，我能看到外面的世界了。我急切地爬了出来，迷人的月光洒在我身上，真美啊。这世界，我又回来了！我爬上一棵小草，打开翅膀，我还不会用，我能飞起来吗？我着急地爬上爬下，身上的光也急促起来。有的时候，需要赌一把，在学会走之前，要先去跑。我张开翅

胸窗萤交配求偶

膀，剧烈地扇动着，手脚全部打开，拥抱天空。我用力一跃，成功了！虽然还有点跌跌撞撞，但是我会飞了。我盘旋着，熟悉着我的家，身后的一切都在快速地倒退，渐渐模糊。我贪婪地呼吸着新鲜的空气、从未闻过的花香，注视着一切新鲜的东西，恨不得把它们一股脑都塞到眼里。

我突然意识到，我是第一只出现的萤火虫，我的伙伴呢？突然间我感到非常孤独，我害怕。看着远处的光，那是什么，是我的伙伴吗？肯定是！伙伴们，我来了！我朝那一串串璀璨的、流动的光飞去。

胸窗萤飞行发光

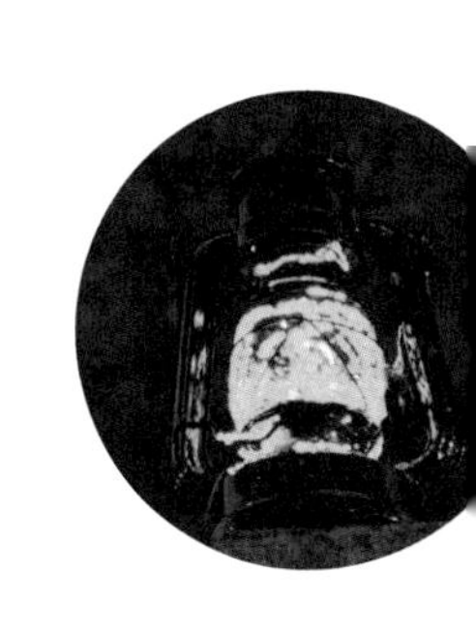

旅游小贴士

下飞机或者高铁后可打车前往华中农业大学，住宿可在校内的国际学术交流中心。这里的夜晚很安静，清晨你会被调皮的小鸟唤醒。用餐可在国际学术交流中心的餐厅，这里有许多华农科研人研发的蔬菜或者农产品的食材。三月油菜花很美，十月的花海也很漂亮，会有许多人前来拍照。

3 海南寻萤记

当我飞近那些发着光亮的东西时，才发现它们不是我的同伴。那是人类的路灯，它太亮了，亮得让我目眩。我失望地赶紧飞走，继续寻找我的伙伴。

夜很深了，我飞着飞着，看见了那个曾疯狂抓我的大男孩。他正在鼓捣着发光LED，似乎想尝试破译我们的语言。我从窗户的缝隙飞了进去，落到了他的对面。我闪了闪眼睛，他吓了一大跳。我和他问了好，他也用LED缓慢地回复。人类真笨，连学说话都这么慢，算了，忍忍吧。不一会儿我俩就像糖粘豆一样分不开了，他管我叫小新，我管他叫新华。

日子一天天地过去，我也要继续我的旅行了。当我要离开时，新华说："等等，我和你一起去，旅途中我还可以保护你。”能和好朋友一起旅行，那真的是太幸福了，我兴奋地在新华身边飞舞，寻找我的同伴之旅启程喽！

十二月，寒冬迫不及待地赶走了喜欢追逐落叶的秋天，人们外出旅游的热情也减退了不少。我的同伴也冬眠了，我站在新华的肩膀上不安地跺来跺去。新华说，根据他的判断，海南可能还有萤火虫。没有选择满是温暖太阳和湿润海风的三亚，我们去了海南中部的白沙县的鹦哥岭自然保护区，在那里寻找萤火虫的踪迹。谁说冬天没有萤火虫？我们倒不信，偏要去寻找一番。

逃离了武汉的雨雪，我们来到阳春的海南。到海口美兰机场后，可以乘坐机场大巴到海口西站，然后转乘巴士到白沙县，大概三个半小时，价格60元左右。我们随行人数较多，且携带摄影器材较重，索性花了350元从机场包了一辆车。折腾了三个小时，终于到了白沙县。县城很小，很破旧，被密密的橡胶林所包围，但是绿色令我们一片好心情。我们住进了当地设施最好的雅登酒店，还有互联网，双人套间168元/晚，蛮不错的。

当晚我们就包车上山，去保护区山脚下的一个小村庄边寻找萤火虫。黑暗无孔不入，包围着我们。保

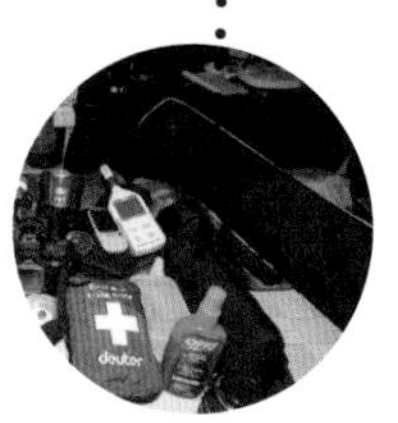

夜间外出寻萤时，我们要带上众多装备

护区的护林员黎族符家兄弟在前面开路，我们跟在后面，手电及头灯统统熄灭。黑暗给了我一双眼睛，我却在黑暗中寻找光明。黑暗中的我们，瞳孔已经放大到最大了。符家兄弟提醒我们这一带有剧毒的竹叶青和一种叫作“过山风”的烙铁头蛇出没。新华生性怕蛇，浑身汗毛都竖起，每个毛孔都张开，探测任何发出异响的方位。我却不以为意，毒蛇是我们的保护神。不过这保护神有点六亲不认，好几次差点让新华倒在山坡上。突然看到远方一条持续的光带划破黑暗，新华兴奋地叫起来：“前面，萤火虫！”他背着摄影包，手里握着捕虫网，撒腿追向这微弱的光明。网已张开，手一挥，那缕萤火已经近在咫尺。新华迫不及待地将这闪闪发光的精灵凑近眼前，在头灯的照射下，我们看到了一只巨大的、从未见过的遍体金黄色的窗萤在新华手中慢慢地爬行。它的前胸和翅膀是淡黄色的，略微有点半透明，发出冷艳的黄光。“Hi, man! How are you?”我和这个大个子打了个招呼。不理我，算了。新华赶紧将大个子收入囊中，回去鉴定种名。“Hi, 新华，我叫什么名字？”“你叫小新，学名胸窗萤。”新华头也不抬地回答。我们搜索了很久，萤火虫很少，看看时间已经很晚了，索性打道回府。回来途中，一条剧毒的竹叶青缓缓爬上水泥路面，而开车的人并没有注意到它的存在。“啪——”蛇被碾爆了。

第二天上午十一点，号称白沙县头号美食的白切鸡已在白沙中学对面的茗园饭店高高挂起。现煮现切，白嫩丝滑，可媲美上等巧克力。45 元半只，价格实惠，让人口水直流。老板娘为人直爽，善于抹零头，我们一行人消费 106 元，结账 100 元。傍晚，符家兄弟热情地邀请我们去他们家吃饭。他们的村子都是低矮的瓦房。整个小村热热闹闹，炊烟袅袅，一派生机勃勃的景象。一位黎族大叔坐在门前，惬意地抽着自制的水烟，不时从鼻孔中喷出烟雾，绕上暗蓝色的天空。符家大哥忙活了一桌子的菜，其间还拿出一种叫作“鱼茶”的黎族美食来招待我们。据说，“鱼茶”是将生鱼切成条，放在盛有熟米饭的玻璃瓶中发酵而成的，不是贵客不拿出来。

天黑了，新华发现一只未知的短角窗萤幼虫，只能把他先带回去尝试饲养出成虫，否则无法知道是什么种类。但是幼虫死亡率很高，不知道能否养活他。除此之外，别无其他好的办法。然而，饲养幼虫需要相当长的时间，或许半年，其间稍微有点差错，就会功亏一篑。要知道，生长周期长是萤火虫研究的最大困难之一。此次没有发现太多的萤火虫，略有遗憾，但符家大哥告诉我们，明年 5 月份这里将会有漫山遍野的萤火虫，一定不会让我们再失望的。

经过一个枯燥无味的冬季，迎春花开了。新华耐不住寂寞的心也开始蠢蠢欲动，说要去寻萤。好嘞，我也想去会一会海岛上的兄弟姐妹们。在中国，萤火虫出现最早的地方在海南。于是 3 月初我们就订了机票，计划 4 月 15 日前去寻萤。时间表已经打印出来并钉在软板上，新华每天都要看一遍，

雄性拟纹萤

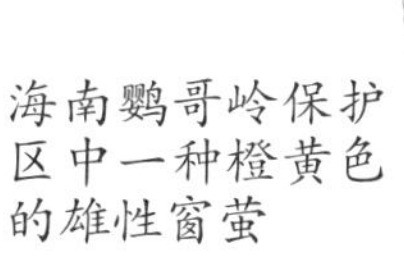

海南鹦哥岭保护区中一种橙黄色的雄性窗萤

倒计着时间。临出发前的一周，新华让学生朱腾飞把路线规划好，租好了车。万事俱备，坐等出发。唯一遗憾的是，由于 H7N9 禽流感爆发，美味的海南文昌白切鸡是不能吃了。反正我也不爱吃，我最爱吃的是蜗牛。听新华说，法国人爱吃盐焗蜗牛，我就知道爱浪漫的人喜欢吃蜗牛。

时间终于到了，我们起了个大早，来到实验室，重新整理了装备并安排了学校实验室的各项工作，叮嘱了又叮嘱。中午下飞机后，我们去神州租车海口美兰机场店取了车，第一站去霸王岭。在车上，新华戴着墨镜，蹩脚但开心的口哨声不时从车中传出。我们沿海南环岛高速，进入省道又进入县道，最后进入土路，到达了霸王岭山脚下的一个小镇。

我们住在一个家庭旅馆中，简单吃了点饭，换装，带上装备，上山。霸王岭有点让我们失望，比较干燥，但我们还是在路边的水沟边发现了一些萤火虫。新华兴奋不已，拿出网子轻轻地采集了一只。我在新华头灯的照亮下，凑上去一看，这兄弟是如此的细小，还不到 5 毫米，和一粒大米似的，

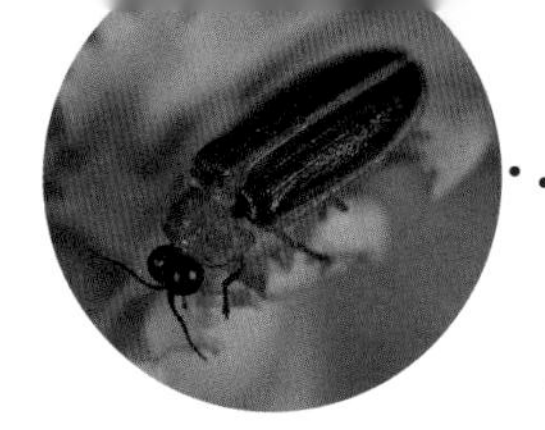

黄宽缘萤

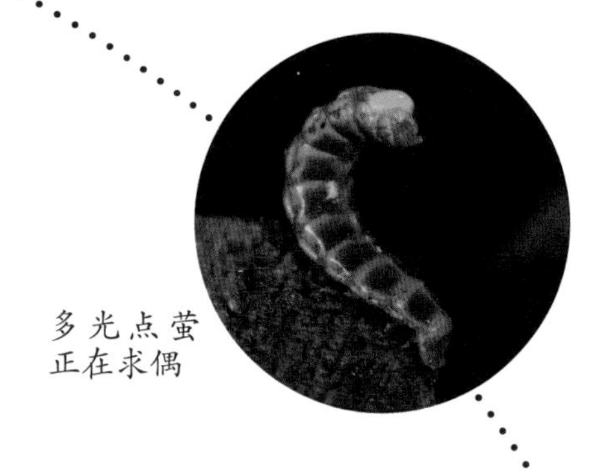

多光点萤
正在求偶

多光点萤雌萤发光

只不过是黑色的而已。和他相比，我就是巨人。新华轻轻地翻过他，看他的发光器，哦，是雄的，两节发光器，第一节是带状，第二节是半圆形。他快速地在脑中检索这种萤火虫，出来了，是拟纹萤。拟纹萤分布在台湾、香港和海南。因为在台湾，这种萤火虫和纹萤很相似，所以给他起名为拟纹萤。新华让大家关掉灯，然后穿着笨重的防蛇靴深入这条小水沟，静静地观察他们发光的特点。我挺佩服新华这家伙的，虽然人比较笨，但是很执着、不怕吃苦。

接着我们上车并下山沿路继续寻找。沿路停停、找找，令人失望的是，没有发现一只萤火虫。大约十点钟，我们返回镇子里，把车停住，大家都看着新华，气氛凝重。新华思考了一会儿，建议大家在镇子周围的水田里找找，说不定能找到水栖萤火虫。新华问当地骑着摩托车到处溜达的青年哪里有稻田，染着黄发的小伙子疑惑地问要干什么。我们解释要去研究萤火虫，小伙子爽朗地告诉我们前面 800 米，然后左拐有很多稻田，里面有萤火虫，但现在不多，最多是 7 月。

我们一下子兴奋起来，汽车引擎高速运转着驶向那片闪光之地。刚到稻田边，我们就发现了四周闪闪的光点。朋克装扮的小伙子果然没有欺骗我们。虽然数量不是很多，我们还是很兴奋，采集了几只，发现是个不知道名字的萤火虫兄弟。样本太少，新华说明天晚上还得再来这个地方。

第二天下午，我们早早地吃过晚饭，在稻田边等候那一缕一缕的光芒。新华拍了几张稻田的照片，稻子的香味包围着我们。接近傍晚的时候，无数婚飞的蚂蚁突然出现，蜂拥着在我们身上降落、爬行。平均每人身上有上百只长着翅膀的黑蚂蚁。大家边扑打着边撤退到车里，把门窗关得紧紧的。然后互相拍打着蚂蚁，车里蚂蚁死尸一片。但还是有一些蚂蚁钻进了衣服，大家叫着猛拍被咬的部位，真是狼狈不堪。很奇怪，居然没有蚂蚁来追我。新华说，因为我身体里的血液很难闻、黏糊糊的，而且有点毒，小昆虫都不敢来碰我。我认为主要是气质高，那些小昆虫和小动物一看到我就自惭形秽，一边去了。

过了一会儿后，我们钻出了避难所，要工作了，这时蚂蚁们也不见了。新华让大家分散开来，留意稻田中第一只萤火虫闪光的时间、第一只雄萤飞行的时间，测量日落的时间、当地的经纬度、温湿度等参数。每一种萤火虫对光线的敏感度都不一样，日落后多长时间开始活动成为每一种萤火虫独特的特征。新华拿出自己制作的萤火虫闪光脉冲拍摄装

备——一台联接了一个红外图像增强仪的摄像机，可以将50米内的萤火虫闪光脉冲信号经过倍增后，被摄像机所记录。他嘴里念念有词："疑似条背萤雄虫 number one……number two……number three，非常完整的连续闪光脉冲……number four……"一个小时后，这家伙耐心地拍摄了二十多组闪光脉冲信号。疑似条背萤的闪光信号记录得差不多了，他收起了摄像机，小心翼翼地将它放回重重的摄影背包里。哼，值得花这么多时间拍别人吗？我发光更美、更亮，唯一的缺点就是不灭，一直亮。

第二天早晨，我们睡到八点半，吃过早饭后，开车上路，直奔第二个采集点——尖峰岭。我们首先来到尖峰岭天池脚下的"避暑山庄"。在搬行李的时候，我们发现笼子里关着一只小猴子。小猴子不停地在狭小的空间内转来转去，眼睛里充满了绝望和哀求——他是想重新回到森林里吧。他应该是在还没有独立生活的时候，被人捉来的。我想起了新华曾经跟我说过，人类为了看我们美丽的光芒，竟然到山里去抓萤火虫到城市里来。可恶的人类！

晚上一出门，新华就一边高喊着"这里有"，一边抄起了网子。我快速飞到空中，替新华当无人机。我发现许多光点，在空中飞行得很慢，光点很小，但是闪得非常快，而且持续的时间很长。另外还有一些更大更亮的光点，闪得也很快。在新华采集萤火虫的时候，我除了仰望星空，就是去看

五指山的一种未知的萤火虫雄虫

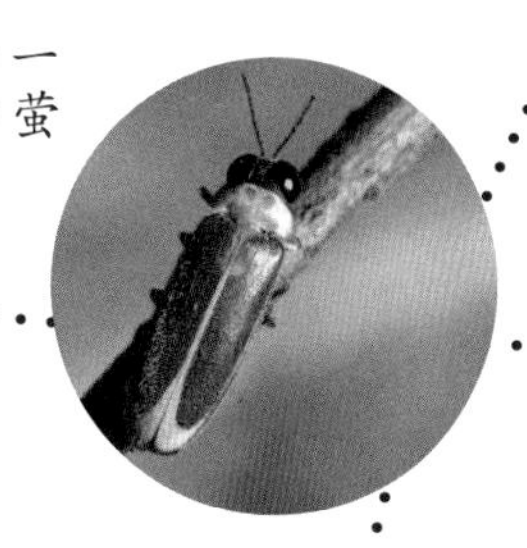

他捉的萤火虫。果然，网中还有一种大型的熠萤，不过没我大。新华他们去年在五指山也采集到了这种萤火虫——浅褐色的鞘翅，鞘翅末端有大型的白色斑纹，称为白尾熠萤。我们一直工作到晚上十一点半左右才返回。新华像怨妇一样，念叨着研究萤火虫的辛苦和困难："通常有成虫的时候，很难发现其幼虫，有幼虫的时候，成虫还未出现。许多萤火虫时空分布不一致，有的 4 月发生，有的 5 ~ 8 月发生，有的只在 10 ~ 11 月才发生。所以一座山需要来很多次才能大致摸清萤火虫的种类及数量的分布。信息不对等是研究萤火虫最大的困难。萤火虫漫天飞舞的时候，我们却无法得知他们飞舞的时间和地点。我们去寻找的时候，他们却躲藏起来，偶尔发现大片的萤火虫，那真是幸运的事情。有时候，真是做梦都想拥有魔法，口里念念有词，天灵灵，地灵灵，所有萤火虫都向我报道……"这个家伙，已经疯了。

4

西双版纳流淌的银河

“新华，你说中国什么地方是萤火虫的天堂？”我问道。“如果有的话，那一定是西双版纳植物园。”“那还等什么？”我拍起了翅膀。

西双版纳的春天，热辣的阳光和泼水的清凉快速转换着激情。踏上中国科学院西双版纳热带植物园（以下简称版纳植物园）的葫芦岛，我们瞬间被淹没在红、黄、绿的色彩海洋中。亢奋的大脑和嗅觉细胞不时地提醒着我的惊叹，好一片奇异的人间天堂。傍晚轻飘的小雨刷落了躁动的浮尘，混合着泥土和花香，滋润着身上的每一处。雨刚停，星已亮。夜空是如此通透，碎钻般的满天星辰离我那样的近。生活在充斥着污染的城市，我已经好久没看到这样的夜了。

夜晚，版纳植物园里嘹亮的虫鸣不停地宣告生命的永不停息。脚步一转，在路灯无法光顾的地方，一条“银河”跳跃着飘过我的眼前，加速了我的心跳。“熠耀霄行”的萤火虫宛如众星之神，大概是舍不得这片土地，所以彼此约定定期下凡。版纳植物园里的萤火虫自泼水节后就逐渐多了起来，日落后的两个小时是他们的表演秀。成千上万个跳动的小精灵在呼唤，呐喊着爱情宣言，体内的荷尔蒙使雄萤们不知疲倦地寻觅着爱侣。

版纳植物园中，黄宽缘萤是绝对的主角，4 月底至 6 月初时，它们总是不知疲倦地提着灯笼跑来跑去

边褐端黑萤是一个绝对闪亮的配角

从吊桥口进入植物园后，右侧是女士们最爱的百花园，园中大片的各色花儿争芳斗艳，好似大块颜料泼洒而成。彩蝶们快乐地竞相追逐，亲亲这朵花儿，吻吻那朵花儿。我们累了就索性躺在花丛下的绿草地上，蓝天上的白云懒懒地从头顶飘过，闭上眼睛沐浴在花香中，这是最好的花儿SPA。经过百花园左侧的林荫大道，可以去往树木园、棕榈园及南药园等专类园区。闻饱了香香的药材，看足了奇形怪状的树干及狰狞的绞杀藤，我们惊叹于一棵棵排列整齐、酷似竖立待发导弹的棕榈树。如果走累了，可以到用棕榈叶搭好的小亭中小憩片刻，亭边哗哗的溪水把脚上的热意带走，风儿却把远处懒懒的蝉鸣带来，好一派美丽的热带风情！

如果你时间充足，可以去版纳植物园周边叫作“城子”的傣族寨子体验一下傣族风情。如果赶上周末，还可以围观傣家人的斗鸡，相信你的心脏也会随着好斗的公鸡上飞下跳。城子寨中还保留着传统的傣家竹楼，分上下两层结构，下层圈养家畜和堆放杂物，上层是住人的，具有通风、防潮、防御蛇虫野兽的优点，至今仍然受生活在潮湿、高温的热带丛林中的傣家人所喜爱。据随行的本地朋友说，这几年傣族人都很富有，几乎每家每户都拥有橡胶园，从几万到几十万的年收入让他们的生活非常惬意，但他们依然选择住在简陋的竹楼里，平时的饮食相当简单，只有在傣历新年泼水节上才会举行盛大的宴会。

傣族的每个寨子中几乎都保留着一座庙、一口井。傣族人信仰小乘佛教，性情也比较温和。据说在西双版纳，傣族男子都要出家为僧，这样才算有教化。只有当过和尚的男子，才能得到姑娘的青睐。一般来说，家境好的小男孩七八岁入佛寺，三至五年后还俗。在城子寨中，经常可以看到身披红色袈裟的小和尚走来走去。我们朝他们双手合十施礼，他们也低头双手合十还礼。

新华每次来西双版纳，必要品尝傣族风味的美食。首屈一指的当是版纳烤鱼，分香茅草烤鱼和柠檬烤鱼，那滋味怎一个“美”字了得！小指粗细的蒸苦笋，剥开笋衣，蘸点酸辣的蘸水，酸甜苦辣会立即充斥着每一个味蕾。鲜美的包烧金针菇，各种叫不上名字的野菜，富含维生素 C 的杂菜汤，必吃的大菜——柠檬鸡……饭后可以到葫芦岛上的百花园和南药园散步，吹着微风，闻着花香，看着跳动的萤火虫……一位漂亮的版纳姑娘对我说：“你还会回来的，因为这里有吸引你的地方。”的确，这迷人的笑容、秀丽的景色和漫天的萤火，我怎能不来？我真的醉了，不舍得走了，但是新华还要去寻找更多我的同伴，所以我只能恋恋不舍地向这些伙伴告别。“嘿，等等我。”

旅游小贴士

中国科学院西双版纳热带植物园景区面积 11.5 平方千米，收集活体植物 12 000 多种，建立植物专类区 38 个，保存了一片面积约 250 公顷的原始热带雨林，是中国面积最大、收集物种最丰富、植物专类园区最多的植物园，其户外保存植物种数和向公众展示的植物类群数，在国际植物园界首屈一指。喜欢花花草草及自然的你肯定不能错过。

版纳植物园离昆明市较远，可以从昆明长途汽车站（南站）到勐仑或到景洪市再转到勐仑的大巴，但长达 10 小时的车程让人有点痛苦。不过好在有从昆明到西双版纳首府景洪市的飞机，如果提前订票，价格是比较优惠的。从景洪嘎洒机场下机后，乘出租车（约 20 元）到景洪车站（翻胎厂），再乘至勐仑的班车（约 1 小时，全价 18 元）就可以到达植物园了。

西双版纳热带植物园内有“植物园宾馆”（三星级），拥有各种客房（套房、标准客房、单人间）65 间，内设施齐全、外环境幽雅，可进行网上预订，价格更优惠。如入住其内，只需购买一次门票便可自由进出植物园。版纳植物园吊桥入园口，有一家非常实惠的小旅馆“春林宾馆”，住宿条件也不错，每晚 50 ~ 80 元。

更多的详情，可浏览版纳植物园官方网站：www.xtbg.cas.cn。

赏萤小贴士

1. 观赏时间：4 月到 5 月间，最多的萤火虫就是边褐端黑萤，雄萤通常在空中和树上发光。而最佳的赏萤季就是在五月，大片的黄宽缘萤在园中飘荡。雨过天晴的夜晚会更多，天黑到十点前（如果有阵雨会突然减少）比较活跃，随着时间延后，温度降低，数量逐渐减少。

2. 观赏地点：百花园耦香榭、南药园及与百花园交界处、环岛路、望江楼等，灯光较弱或没有的区域。若不熟悉方位，可联系科普旅游部询问具体地址（0691-8716308）或咨询宾馆前台。

3. 注意事项：手电、车灯等人为光源以及人的频繁活动等都会造成干扰，尽量减少光源的使用，并保持安静。请勿捕捉萤火虫。

4. 观赏装备：赏萤的时候，请穿上长筒靴，并随身携带驱蚊药水，最好配备一根竹竿，以备不时之需。

5

安帕瓦的“圣诞树”

听新华说泰国有我的洋亲戚，号称世界上最美的萤火虫。我从来没有见过他们。正好新华说这一年 8 月，他要去参加第一届世界萤火虫大会，我就顺便搭了免费的专机。

据说洋亲戚们就住在泰国的安帕瓦水上市场周围。这是一个热闹但并不嘈杂的地方，虽然不是很繁华，但安逸得让你舍不得走。当地人的朴实和知足，从每一个微笑中自然流露出来。临河有不少家庭旅馆，可亲身体验当地水上人家的生活。白天坐在小旅馆的客厅里，来上一杯浓香醇厚的咖啡，看着满载着各种各样货物的小船悠悠而过，泛黄的河水被划开又重新复原，只留下破碎的泡沫。你可以什么也不用去想，只是静静地享受这份安静。

萤火虫“相亲派对”中的男主角——曲翅萤

密集的小船马达声提醒着我们晚餐时间到了，装着各种小吃的小船会合在一起。这里的小吃多得惊人，各种烧烤的海鲜，油炸的鱿鱼卵……足以让你的胃感到满足和惬意。餐后可以逛一下售卖各种特色纪念品的小店，累了还可以体验一下正宗的泰式足浴按摩，价格非常便宜，每人每小时 120 泰铢。我可不想吃东西，就喝了点果汁。

安帕瓦水上市场是泰国的“萤火虫之乡”。我的洋亲戚们身着黄色的外衣，其貌不扬，个子比我小多了，却以同步发光而闻名世界，是最美丽的萤火虫之一。当上天抖开了暗蓝色的夜幕衬里，我们离开喧嚣，坐着长尾船慢慢进入湄公河茂密的森林里，久违的森林及河流特有的泥土清香扑面而来。途中数次需要低头穿过横卧在河流上倒塌的树干及袖珍的小桥洞，眼睛逐渐适应了黑暗的环境，突然间进入一片开阔的河流，两岸长满了红树林。满树的萤火虫好似千百人听从了指挥，以一个节奏闪光。“哇！”我们也同步发出惊叹。小小的萤火虫闪光虽然不是很亮，却深深地打动了船上所有人的内心。船夫故意将船驶近一棵最大的树，然后用手猛地抖动树枝。“Stop！”我喊道，可船夫听不懂我说的话。满树的萤火虫停止了闪光，好似无数夜光珠瞬间从

树上滚落弥漫开来。他们就像仙女般优雅地飘出，然后又轻盈地飞回到树枝上，重新开始了有节奏的闪光。又是一声大大的惊叹，所有人的表情都凝固了，被这自然奇观所折服。

船继续往前缓慢前行，一棵棵闪光的“圣诞树”从我们身后划过，真希望此刻时间停止。这时船上才爆出游客们的热烈议论，有的说：“真值了，把这辈子的萤火虫都看饱了。”有的则疑惑地问：“为什么会同步闪光？”关于这个问题，我最了解。这就好比人类的相亲派对，男生们努力地展现自己，女生们也有了心仪的对象，互相交换心声。这其实是一种独特的求偶行为吧，萤火虫和人有太多共同的东西。

船渐渐驶离这片神奇的萤火乐土，我满心惆怅，有种心被突然掏空的感觉。我尝了尝船边的河水，咸的。不知我何时能再来？

旅游小贴士

安帕瓦水上市场距曼谷40~50千米的行程，开车一小时就能抵达，一般较大的酒店会有专门的旅游线路。安帕瓦水上市场是曼谷人周末游的热门去处之一，因为它只有周末和节假日才热闹，所以如果不是周末去的话只能乘船观赏两岸风景及萤火虫，无法参与集市的热闹。7～8月是观赏安帕瓦萤火虫最好的季节，此时的萤火虫最多，也最为壮观。

6

马 来 西 亚
的萤火天堂

“新华，世界上最美的萤火虫在哪里？”我问新华。“就在我身边啊，你啊！”新华一脸正经地跟我说。“别闹，我知道你说的是对的。我问的是哪里的萤火虫最美？”说完，我已经笑得触角打卷了。新华说：“如果有人问我世界上最美的萤火虫在哪里，国内的话，我推荐湖北咸宁市通山县大耒山，国外的话，我推荐去马来西亚的沙巴及雪兰莪看萤火虫。”中国最美丽的萤火虫，除了我之外，他首推穹宇萤，那是中国最美的同步发光萤火虫，雄萤都聚集停留在从山崖或者瀑布垂下的藤蔓上，一起快速发光，吸引着雌萤前来。而国外最美的萤火虫，他推荐马来西亚同步发光的红树林萤火虫。虽然和泰国的红树林萤火虫相似，但是马来西亚的红

莱斯利·巴兰坦

树林萤火虫更多、更壮美。

我和新华一共去过马来西亚两次，每次都是为美丽的萤火虫而去的。第一次是 2010 年夏天，新华去马来西亚吉隆坡参加第二届世界萤火虫年会。慈祥的澳大利亚老奶奶莱斯莉·巴兰坦是新华的朋友，她是世界上首屈一指的萤火虫分类研究泰斗，她在研讨会期间举办了萤火虫分类研究工作坊，培训世界上为数不多的萤火虫分类研究者。会议快结束的时候，新华约了香港的萤火虫研究同行，雇了一辆车，去雪兰莪河上拍摄和观察奇妙的红树林同步发光萤火虫。

车开了接近两个小时，终于停下了，司机说这里就是了。我们满腹狐疑，这就是萤火虫最多的地方？长相黝黑的司机双手一摊，说这就是他知道的地方。新华跟我嘀咕说不妙，可能拍不到壮观的同步发光萤火虫了。事已至此，我们只能硬着头皮自己去寻找。听说马来西亚的蚊子能传播登革热。蚊子？！蚊子有什么可怕的，他们不咬我。下车后，新华赶忙往身上喷驱蚊水，尤其是手、额头、脖子、耳朵，鉴于在国内被蚊子透过裤子叮

屁股的惨痛教训，新华特意让朋友拿驱蚊水往他屁股上喷了喷。这糗事我是知道的，新华之前很穷的时候，不舍得买衣服，就从网上买了套廉价的山寨速干服，缝隙挺大的，蚊子的口器可以穿透裤子叮咬他的屁股。唉，太惨了！新华背着摄影包和三脚架，我坐在他的肩膀上，前往河边的红树林。在一个小的水泥码头上，新华架起了三脚架，镜头朝着旁边的红树林。

太阳慢慢落山了，红彤彤的晚霞真美。突然，左边的红树林里有微弱的光点闪烁，右边的也开始亮起来了。光点真的很弱，一开始节奏有点散乱，有的萤火虫甚至飞来飞去。不到5分钟的时间，萤火虫们似乎彼此协调了，开始同步发光。越来越多的萤火虫加入了“合唱”的队伍，原来这里白天就栖息着萤火虫，而不是我所想象的大量的萤火虫从旁边的草丛里飞到红树林中。新华轻轻用手抄了一只，黄色的翅膀，真小，差不多半厘米长，和蚊子一样粗细。我飞过来一看，嘿，还没有我的腿长。他在新华手心里打转转，新华朝他轻轻吹了口气，他闪着光起飞了，朝着红树林里飞去，继续参加“合唱”去了。新华轻按下快门，希望这片美丽的光彩能尽数进入相机中。我的眼睛也睁得大大的，希望能看饱。

三年后，新华带着家人一起来马来西亚旅游，我也来了——我也是新华的家人哦。第一站是沙巴，我们晚上抵达了亚庇，好好休息了一晚。萤火虫在马来西亚语中叫 Kelip-

kelip，意思就是闪闪发光。这个叫法的确很形象，但没有我的名字好听。我的大名叫作“胸窗萤”，我的小名可就多了，四川地区叫亮火虫、明火虫、火虫，江浙地区叫游火虫，云南叫萤火火，江西有地方叫夜火虫，台湾叫火金菇，广东省客家话叫火焰虫，潮汕话叫火金星，还有叫亮火虫、亮亮虫、焰火虫、明明虫、爆闪虫、火炼子……文雅的叫法也很多，比如夜光、夜照、耀夜、熠耀、景天、救火、据火、挟火、宵烛、宵行、丹鸟、丹良等。

在沙巴旅游，通常把观赏萤火虫和看长鼻猴联系在一起。沙巴最佳的观赏萤火虫的地方有三个：威士顿据说是最佳的长鼻猴及萤火虫观看地点，离亚庇市区两个小时；克利雅斯可以坐船观看萤火虫，特点是萤火虫比较多，缺点是看长鼻猴比较远；卡瓦红树林是比较新的一条线路，距离亚庇市区相对较近，行程一般还会在水上清真寺停留一下。在这三个地方，萤火虫通常都栖息在红树林里——里面还住着世界上独一无二的长鼻猴。长鼻猴有着长长的大鼻子，喜欢傍晚时分到河边觅食。向导说，猴群里面鼻子最大最长的就是雄性首领。他建议我们带着望远镜观察长鼻猴。我们找了个当地的旅行社，安排了一个司机下午开车带我们到威士顿去看萤火虫和长鼻猴。司机开车比较猛，横冲直撞，但还是安全到达了目的地。我们吃了点简餐，就坐船去看长鼻猴了。由于功课没做好，一家人都没带望远镜，我们只能眼巴巴地看着猴子跳跃着朝那些带着望远镜的人欢叫。

夜晚慢慢降临，船夫撑着船慢慢驶进一片茂密的红树林。为了不打扰萤火虫，船夫将船停在了河中央，并让大家安静。不一会儿，船夫嘴里喊着“Kelip-kelip”，用手指着远处的红树林。大家顺着船夫的手看去，果然不少萤火虫在红树林里明灭，渐渐地燃烧成为一棵发光的“圣诞树”。船夫变魔法似的拿出了一个有点像虎牌的老式铁皮手电，我清楚地看到这个手电头部的玻璃上用染料涂成黄色。船夫一边嘴里喊着“Kelip-kelip”，一边有节奏地用手挡住、松开手电，发出缓慢的有节奏的光。不一会儿，好几只萤火虫飞行了十几米来到船边，围绕着船夫盘旋。当船夫不再有节奏地制造闪光的时候，几只萤火虫失望地朝红树林飞回。船夫再次用手电闪光的时候，又吸引了好多萤火虫来到船边。船上的游客瞪大双眼，大呼神奇。新华笑了笑，跟家人解释，这个船夫模拟了一个超级大的雌性萤火虫的信号。身边的中国游客恍然大悟，并惊奇于新华的解释。

在沙巴，新华转遍了市场也没买到一件萤火虫纪念品，问当地的华裔商贩，他们表示萤火虫很难拍摄，所以做不出工艺品。新华表示不可理解。幸运的是，他淘到了几张马来西亚的萤火虫邮票，很是喜欢其中的一张孩子用罐子放飞萤火虫的邮票。

三天后，我们到了雪兰莪。雪兰莪河也叫萤火虫河，白

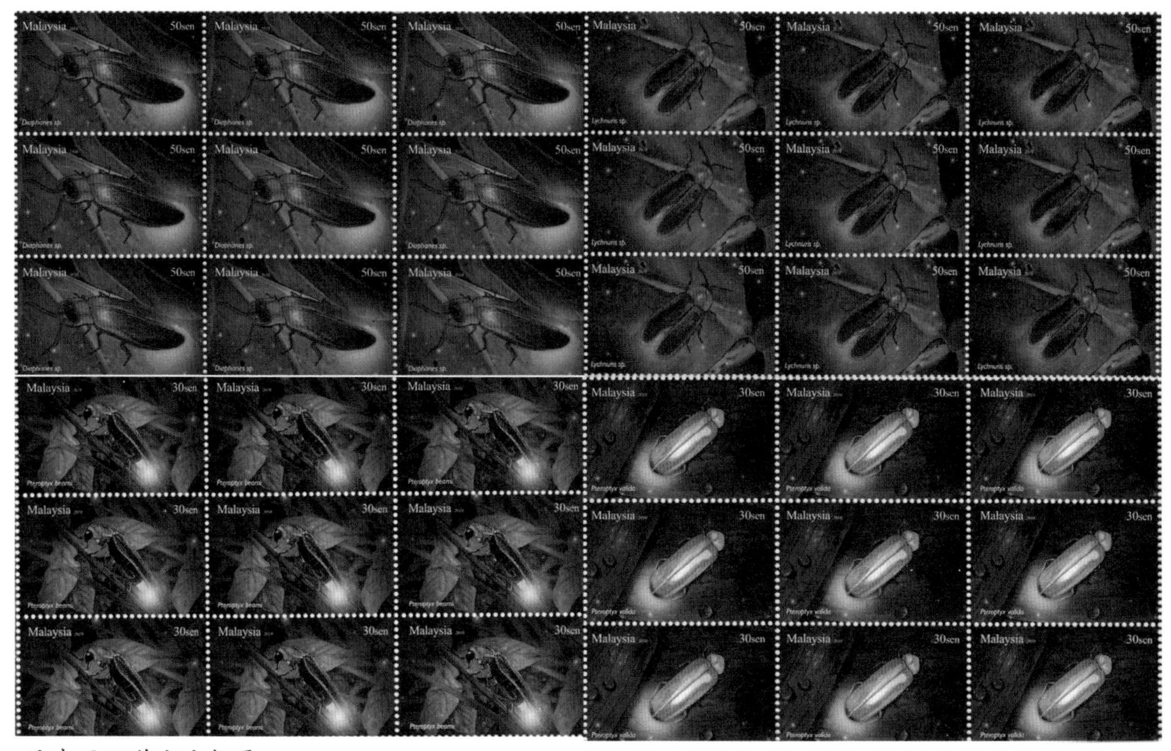
Malaysia
50sen
30sen
Diaphanes sp.
Lychnuris sp.
Pteroptyx bearni
Pteroptyx valida

马来西亚萤火虫邮票

Kelip-Kelip
Firefly
Pteroptyx tener
Malaysia 2010
RM5

天看起来和沙巴的红树林湿地没什么区别，但这的确是马来西亚萤火虫的天堂。我们在网上预定了雪兰莪萤火虫度假村（一个私营的萤火虫景区），谁知的士司机以为我们去的是雪兰莪萤火虫保护区，把我们放下就走了。一问才知道两者相差甚远，好在保护区的工作人员心地善良，主动提出要送我们过去。我们大包小包地上了车，一路感谢不已。入住后，我们发现这个私营的萤火虫景区有点旧，房间里的木床轻轻一扶就吱吱响。景区里的猴子非常多，随处可见，而且不怕人，经常噔噔噔爬上屋顶。景区内没有晚饭，我们只能在旁边一个非常简陋的小餐馆吃点东西。但想着能看到满树的萤火虫，心情就好了很多，一直期盼着早点天黑。

买了萤火虫票，按照规定的时间，我们来到码头，穿上救生衣，坐上了小木船。小木船是电动马达驱动的，非常安静，看萤火虫的时候很惬意。这次船夫开船开到了离红树林很近的地方，伸手就能摸得到萤火虫。成千上万的萤火虫聚集在红树林上，倒映在河面上，一个频率发着光——让人产生一种虚幻的感觉，好似不在世间，或是像参加某种神秘的仪式。大家都张大了嘴巴，只听到“哇”声不断。新华拼命地睁大双眼，减少眨眼的频率，想将美丽的萤火尽收眼底。有这么美吗？短短的 20 分钟，是红树林萤火虫最活跃的闪光求偶期。新华说，中国也有一种红树林萤火虫，分布在香港米埔保护区、深圳福田保护区、海南等红树林湿地里。这种红树林萤火虫被新华和他的澳大利亚朋友莱斯莉·巴兰坦等人命名为香港曲翅萤（米埔萤）。他们不是同步发光的。

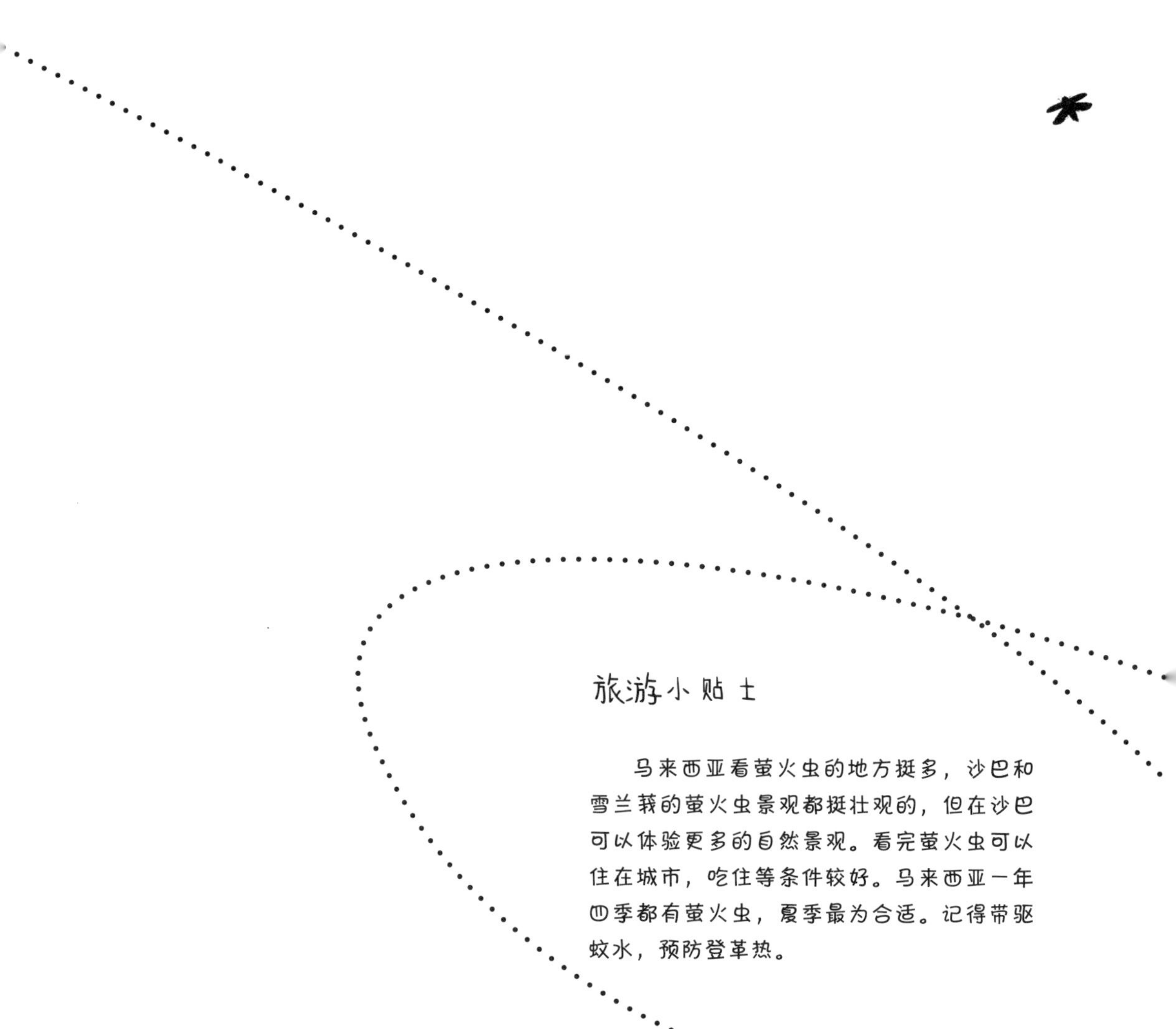

旅游小贴士

马来西亚看萤火虫的地方挺多，沙巴和雪兰莪的萤火虫景观都挺壮观的，但在沙巴可以体验更多的自然景观。看完萤火虫可以住在城市，吃住等条件较好。马来西亚一年四季都有萤火虫，夏季最为合适。记得带驱蚊水，预防登革热。

7 大耒山的守望

“新华，你上次提到的那个可以和西双版纳植物园媲美的萤火虫天堂叫什么来着？大来山？”我飞到新华头上，问道。“是大耒（lěi）山，在湖北省咸宁市的通山县，离武汉只有两个小时的车程。”新华回答道。“我要去，我要去！”我在新华头顶上蹦来蹦去。“好啊，正好我过两天要去考察研究那里的萤火虫。”新华眼睛凑在显微镜上，头也没抬地回答我。

周末，新华开着车带着我和装备朝大耒山出发。一出武汉市，我的心情就好多了。在武汉，雾霾憋得我都喘不过气来。我激动地趴在右边的车窗上，看着窗外，嘴里念着：“树，树，树，树……线，线，线，线……”不一会儿就进入了通山县，这个地方到处是山和树，还有翠绿翠绿的竹子，我喜欢。“哇，好大一片海。”我指着前方叫着。“拜托，那只是一个水库。”“好吧，人家没见过海。翅膀太小，飞不到海边。”“马上就到了。”新华嗓门明显提高了。这家伙比我还高兴，每次看到我的兄弟姐妹们，他的魂儿就掉了。

新华开着车，经过一个匝道，匝道的旁边写着“大耒山生态保育园”。我们进了山，那是一条很窄的路，弯弯曲曲地通到了山里。从山上的水泥小道往山下看，竟然有个小村子坐落在山谷的谷底，看上去美丽极了。我疑惑地问道：“新华，你是怎么找到这个地方的？这个地方一般人真发现不了呢！”“说起来，话有点长。”新华慢悠悠地说。“别卖关子了，快说！”我就喜欢听新华讲故事。“从 2008 年开始，就有人从山里抓萤火虫，然后在网上卖给城里人作为求爱或者送给小女生的礼物。这种事愈演愈烈，有的景区和楼盘开始大量购买从山里抓的萤火虫，一买就是几万只。”新华越说越气愤。“我的兄弟姐妹们啊！”我一口白汁喷了出来。“小新，你不要吐痰。”“我是吐血，你不是知道我的血是白色的吗？”我用一只手按着胸口。“消消气哈。”新华继续说，“我仔细分析了一下，发现公众迫切地希望看到萤火虫的壮美，希望萤火虫回到身边，而没有人能提供类似的产品和服务。有些商家就开始迎合这种巨大的需求，但却是以牺牲野外的萤火虫为代价，这是不可持续的。我们守望萤火虫研究中心

去年开展了一个行动，叫作山里寻萤记——带领武汉的公众去武汉周边看自然的萤火虫。我们在咸宁发现的这个地方，有很多萤火虫，政府也邀请我们来保护他们。”

新华这个家伙，平时看起来笨笨的，但是在萤火虫的事情上，没人能比他更明白。这个家伙还创立了中国第一个萤火虫保护公益组织——守望萤火虫研究中心，来守护我和我的兄弟姐妹们，还把唯一的新房子捐出来作为办公室，自己则继续租住在学校的旧小房子里。我挺感动的，这就是让我死心塌地跟着他的原因。

“我们来到这个小山村，发现这里真的很美，萤火虫也多，但小溪里漂满了垃圾。”新华继续说，“我问过很多村民，这么漂亮的河流，就在你们的家门口，你们忍心弄得这么脏吗？村民说没有垃圾桶，没有垃圾转运车，不扔到河里扔哪里？扔到河里，水大的时候还可以冲走。我灵光一现，于是我们守望萤火今年开展了一个捐赠垃圾桶换赏萤名额的行动，鼓励公众来捐赠垃圾桶给小山村，让垃圾不再，而公众又可以看到漫天的萤火。我们花了一个多月，清理了 8 千米的溪流里积攒了 10 年的垃圾，垃圾车运了几十车出去。你瞧，现在水多清澈，鸭子都愿意在里面游泳了。”“好棒，好棒！”

“对了，新华，听说你今年还上了次天天向上的节目，谈一谈感想吧。”我拿起了一根草凑近新华的嘴巴，假装是麦克风。新华有时候也很搞笑，配合我搞怪和耍酷。“其实没什么，因为是跟汪涵第二次配合做节目，很放松，说了很多的心里话。上节目主要目的就是向大家宣传保护萤火虫的理念。”新华假装接受我的采访，“下面我来介绍一下新华，姓付的副教授，中国研究萤火虫第一人……哈哈哈哈！”新华为了保护萤火虫，和天天兄弟一起做节目，呼吁大家保护环境。那段时间，全国成千上万的人想来大耒山看萤火虫。出于保护的目的，新华设立了预约制赏萤。来看萤火虫的人，车辆一律停放在外面，不让进村，怕车灯影响萤火虫的生活，后来，政府还专门配了一台垃圾转运车给大耒山转运垃圾。为了保护大耒山的萤火虫，新华几乎把自己所有的积蓄都拿了出来，这人真是个傻子。

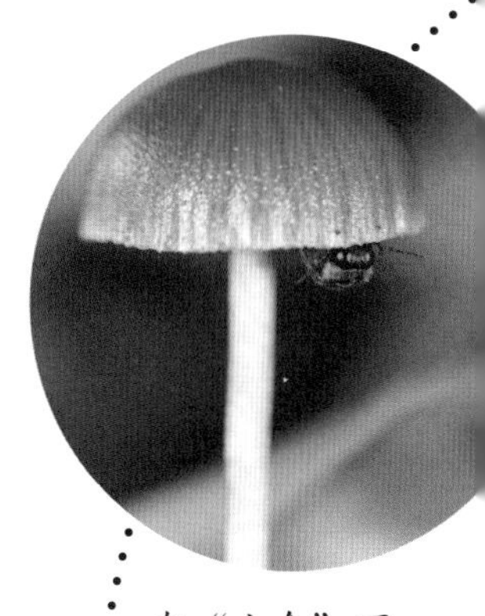

在“小伞”下避雨的拟纹萤

落在花儿上的三叶虫萤

到了晚上，新华去观察一种拟纹萤，以前在海南发现的种类。他说发现了这种萤火虫雌、雄发光颜色不太一样，雄的发光偏黄，雌的发光偏绿。现在他正在用便携式光谱仪测量我那些兄弟的发光呢。不管他了，我去转转，会一会我的兄弟姐妹。

哎呀，看到了好多兄弟姐妹，漫山遍野地发光，天上的星星也在闪呀闪，分不清楚到底是星星还是萤火虫。我是完全听不懂和看不懂我的这些兄弟姐妹在说什么。不同种类的萤火虫语言完全不同，我

们听不懂其他种类的萤火虫的话。“新华，快来。”我去搬救兵。“这里的萤火虫啊，还真不少。我们做过一年的调查，每天晚上跑一遍大耒山，这可是22平方千米啊。结果我们发现大耒山有16种萤火虫，总量有30多万只。”新华介绍道。“哇，这么多！”我惊呆了。“是啊，这个地方是比较罕见，因为交通不方便，很多村民都迁了出去。剩余的村民一到晚上就熄灯睡觉了，没有光污染。这里处于湖北、湖南和江西三省交界处，生物多样性很丰富，所以萤火虫很多。每年从3月到8月，每个月都有几万只萤火虫飞出，非常壮美。就因为比较独特和稀有，所以我们要尽全力来保护这个地方。”新华坚定地说，“这里的稻田里有很多的水栖萤火虫，其中有3种珍稀的种类。我们为了保护稻田里的水栖萤火虫，特意流转了很多的稻田，雇佣农民以保护萤火虫的方式来耕种水田，牛耕刀割，不用农药、化肥和除草剂。虽然产量低了一些，但是种出来的稻谷是无污染的、生态的谷物，这就叫作萤火虫大米。”新华兴致勃勃地介绍他们在大耒山的工作。这个家伙脑子还是很活络的，看来以前低估了他，一直以为他是个书呆子。这个家伙还有点浪漫的情怀，能仰望星空，又能脚踏实地，就像我一样。

新华继续念叨着说：经过他们的保护，现在大耒山的萤火虫都上亿只了。他很想在那个美丽的小村庄里建一个自然学校和一个科学营地，可以让来看萤火虫的孩子们坐下来，听他讲一讲美丽的萤火虫和环境的关系。可是他没钱来实现这个愿望，只能等待志同道合的人。他的终极梦想是让萤火虫回归人们的身边，甚至让城市里都飞起萤火虫。傻人又开始说傻话了。我不理他了，找了片舒服的叶子，躺在上面，看着天上的星星和萤火虫，这辈子都不想离开大耒山了。

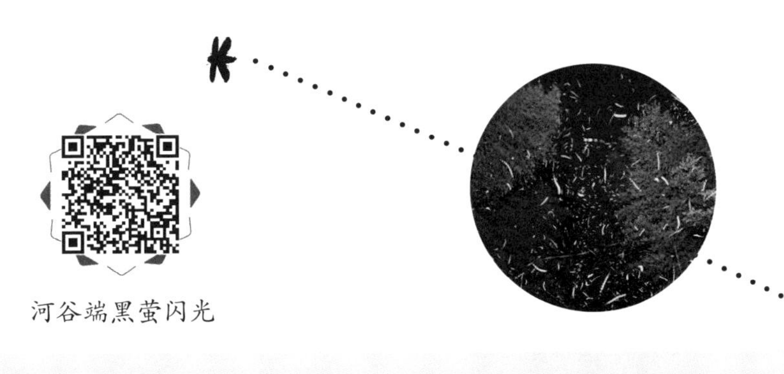

河谷端黑萤闪光

旅游小贴士

去大耒山交通略微不方便。从武汉到大耒山可以坐火车到咸宁北站，然后去长途汽车站，搭乘大巴到通山县，再搭乘中巴到厦铺镇桥口村。镇上住的地方不多，有一个叫“厦铺大酒店”的小旅馆，可以容纳二十多人住宿。如果自驾的话，直接设置导航目的地为咸宁市通山县厦铺镇桥口村。

赏萤小贴士

大耒山萤火虫大米

大耒山最佳的赏萤季节是从3月底到8月初，每个月都有一波高峰期，高峰期有上万只萤火虫飞舞。守望萤火虫研究中心会定期发布赏萤预报，告诉大家来看萤火虫的最佳时间。

守望萤火虫研究中心的新浪官方微博：守望萤火

守望萤火虫研究中心的微信公众号：shouwangyinghuo

8

安比高原上的“公主萤”

2016年，蒲蒲兰绘本出版团队邀请新华和他们一起去日本考察“萤火虫之旅”的路线。在征得了蒲蒲兰团队的同意后，新华带着我启程了。我们来到了安比高原内的安比格兰度假村。安比高原位于岩手县八幡平市，其中的安比高原滑雪场是日本东北地区最具人气的滑雪胜地，是由八幡平国立公园连接高1305米的前森山和高1328米的西森山所延伸出的大面积滑雪场。安比格兰度假村有一个自然学校，令人感到亲切和欣喜。入住后，酒店的工作人员给了我们几张券，分别是赏萤的券和泡温泉的券。赏萤需要预约，泡温泉直接凭券就可以了。

我们预约了当天晚上的赏萤。我们来到了酒店附属的自然教室，里面有各种好玩的东西，大大的松球，树叶的标本，还有各种做手工的自然材料，都是采集自旁边的森林里。自然老师介绍，每年的 7 月初到 8 月中旬，度假村里面的森林里就会飘起一大片萤火虫。森林里有一条小溪，里面生活着两种水栖萤火虫——平家萤和源氏萤。数量最大的还是一种叫作姬萤的小型熠萤。姬萤的雌萤是短翅的，不能飞行，只有雄萤可以在草丛上翩翩起舞，寻找他们心中的小公主。我们先在自然学校中，听自然老师讲解几种萤火虫的特点和赏萤的注意事项。听完课后，蒲蒲兰的朋友向自然老师介绍新华，说这是中国第一个从事萤火虫研究的老师，从无到有地创立了中国萤火虫的研究和保护，吃了很多苦。几位自然老师肃然起敬，然后集体向新华和我鞠躬致敬，新华也回以鞠躬。

天色慢慢降临，一位自然老师拿着红布蒙着的手电，带着我们去森林里看萤火虫。他不时地提醒我们注意脚下安全。慢慢走着，眼前越来越亮，萤火虫越来越多。一会儿，突然涌起了一大片，环绕着我们。新华让大家先去别的地方赏萤，他带着相机和三脚架，说想留下日本美丽的萤火虫记忆。我陪着新华，还不时地戏弄一下飞近我们的萤火虫。萤火虫上上下下绕着我们飞，有的还停留在新华的镜头上。姬萤在日语中，是像小公主一样可爱的萤火虫。他们闪光的时间很短，一闪而过，很快又出现，就像和你躲猫猫的孩子，刚躲藏起来，又迫不及待地用银铃般的笑声告诉你“我在这里”。

新华说，在中国的辽宁地区也发现了这种萤火虫，但是数量没有这么多。他把相机架得很低，一个人单膝着地，观察着这里的萤火虫。过了好一会儿，蒲蒲兰的社长带着大家回到新华这里。大家担心新华的安全，看到他还在这里专注地工作，就陪着新华。过了十来分钟，新华不好意思让大家陪着他被蚊子咬，查看了一下照片，说收工回去了。第二天，新华把昨晚拍的照片发给大家看，大家都惊呆了，原来萤火虫可以这么美，这么梦幻。我没骗你们吧，我们萤火虫就是黑夜里的精灵，是夜晚星星落到山上变成的，是太阳留念大地的思绪……安比高原是一个值得来看萤火虫的地方。

旅游小贴士

从上海出发：从上海浦东机场出发到仙台机场，仙台机场有到安比高原的大巴，可以送到安比格兰度假村。

从东京出发：在东京站乘坐新干线（2小时10分）至盛冈站。然后，在盛冈站乘坐安比雪场大巴（50分）至安比高原度假村或在盛冈站乘坐JR花轮线（50分）至安比高原站，安比高原站可乘坐免费摆渡车至安比格兰度假村（10分钟车程）。

9 美岕茶园里跳动的音符

一天，新华问我：“小新，江苏溧阳市有一个叫作美芥山野温泉度假村的地方，听说里面有很多萤火虫。人家邀请我们去考察，你想去吗？”我摇着触角问：“江苏溧阳，没听说过，有什么好玩的？”“听说里面有一片萤火虫茶园很美。”“什么是萤火虫茶园？”我的触角摇得快了一些。“对方说是一片茶园，有很多萤火虫栖息在里面。”新华说。“这个我感兴趣，还没见过可以在茶园居住的亲戚呢，我们去看看吧。”我的触角摇得让新华有点眼花。就这样，我钻进新华的口袋里，跟着他坐着高铁来到了溧阳美芥山野温泉度假村。

美芥山野温泉度假村（简称“美芥”）位于江苏省溧阳

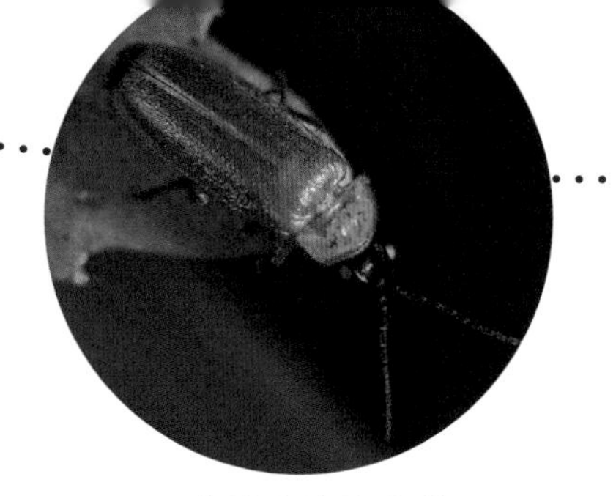

茶园里的端黑萤

市南山片区龙潭森林中。芥，意为“山与山之间”。因美芥山野温泉度假村的所在地正好位于溧阳南山片区最美的山与山之间，便取名为美芥。美芥占地2500余亩，里面有森林、农场、茶园、树屋、温泉和无边泳池等。

美芥有原生的竹林、松林、茶园、板栗林、灌木林、水塘和湿地，还有着上千种植物和上百种鸟儿，生活着鹇鹇、竹鸡、松鼠、野猪等“原住民”。最令人惊喜的是，美芥有多种萤火虫，有黄脉翅萤、端黑萤、大端黑萤以及珍稀的水栖萤火虫雷氏萤。美芥的创始人仲春明博士用了十年的时间，默默地在一个林场脚下，以尊重自然的理念，打造了美芥山野度假村。仲先生最喜欢的是山里的花花草草、鸟鱼虫兽。度假村的员工都叫他“村长”。

我们跟随“村长”上山，他如数家珍地告诉我们这是什么花，这是什么草，那是什么鸟……从5月底，萤火虫便纷纷出现在美芥，端黑萤开始在宁静的茶园上空飞舞。“村长”

为了保护这些美丽的小精灵，不准工作人员在茶园中喷洒农药、除草剂及施用化肥。几年过后，不仅是茶园，美岕山野中其他地方的萤火虫也逐渐多了起来。我相信萤火虫也是被他的关爱所感动，愿意用自己的光来传播更多的爱。

美岕还有一个好玩的地方——神马农场。神马农场的建立，也遵循美岕“尊重原生山野特点，最大程度融入自然，不破坏自然”的理念。原有的池塘和湿地，保留和稍作处理，是孩子们夏日看蝌蚪、听蛙叫的好地方；大片的草坪和空地，是马儿喜欢的，就作为马场……同时，神马农场也含有美岕创新、艺术的“基因”——香草园、彩马花坊，它们的设立，无时无刻不让客人们感受到自然和艺术的魔力……

7 月份，新华带着我又来到了美岕，这次他背着重重的相机和三脚架，他要为村长和美岕拍出最美的萤火虫茶园照片。第一天晚上，他架上了两部相机，不时地移动，寻找更好的机位和角度，并拿出笔记本，随时记录各种拍摄参数。茶园里很热，蚊子很多，他可被蚊子咬惨了，手上很多包。我发着光，给他赶蚊子。蚊子不喜欢我的闪光，更不喜欢我身上的味道。嘿，人家可没有狐臭呢，我的味道是我的防身本领啊。第二天晚上，天气很好，星星很多，天没黑，新华就扛着相机和三脚架来到了昨晚找到的两个最佳机位，调整好参数后，有线快门开始“咔嚓咔嚓”地工作啦。我躺在新华的肩膀上，看着茶园里跳动的闪光音符，听着蟋蟀们的叫声，惬意极了。

我喜欢这个地方。新华偶尔检查一下相机拍摄的照片，大部分时间，眼睛看着这些光。他真的看不够这美丽的光啊。

第二天，萤火虫茶园的照片处理好了。哇塞，细腻的茶园上，飘浮着无数的萤火。村长赞叹说从来没有人可以拍出这么美的萤火虫茶园。新华和村长聊得特别开心，决定进行战略合作。过了不久，漂亮的萤火虫科学保护工作站就在美芥建设好啦。新华和我会定期过来守望茶园的萤火。欢迎大家来美芥，加入我们的守望茶园萤火行列哦。

茶园萤火虫

旅游小贴士

交通：美芥所在的溧阳市，是江浙皖的交界地，四季分明，物产丰富，是著名的“鱼米之乡”“丝绸之乡”“茶叶之乡”。溧阳同时拥有天目湖、南山竹海等国家级旅游景区。从南京南站坐高铁到溧阳站只需30分钟，从杭州坐高铁到溧阳，只需要40分钟。交通十分便利。

住宿：除了有常规的酒店外，美芥本着“尊重原生山野特点，最大程度融入自然，不破坏自然”的理念，邀请在自然和环保方面擅长的荷兰建筑设计团队，在2500亩的山野中，只打造31栋树屋，“无比吝啬”的背后，却是对自然及山体的尊重和保护。

赏萤小贴士

美亦的萤火虫从5月中旬就开始出现了。6月到7月是萤火虫比较多的时候。赏萤前，先到美亦的自然学校听一节赏萤的自然课，然后带着知识去赏萤，会对萤火虫及背后的故事有更多的感悟。也可以参观“守望萤火”科学保护工作站，工作站内有守望萤火虫研究中心工作人员和志愿者们在研究和保护美亦的萤火虫。

10

平湖漫天飞舞的闪光

在寻萤的过程中，有一天，新华痛心地对我说："随着经济的发展，城市化、光污染、水污染及农药化肥滥用等原因，导致萤火虫数量急速下降。近十年来，抓捕野外的萤火虫并在网络销售及所谓的萤火虫主题公园愈演愈烈，每年约几百万只萤火虫的光亮在城市里熄灭。"说到这里，他长叹一口气。"对，对，我们还是你们人类童年美好的记忆呢，怎么能让我们消失呢？"我飞到新华怀里，蹭蹭他，求安慰。

新华还说我们是一种可视化的优质的生态指标，因为我们对水质、土壤、空气和光污染非常敏感。难怪我觉得城市的光太刺眼了呢，总想找个黑暗的地方躲起来。很多地方的空气让我窒息，有时候我找到一个湖泊想喝点水，但刺鼻的味道让我恶心。新华忧心忡忡地说：“萤火虫的消失预示着地球的生存环境急剧恶化，人类也好不到哪里去。野生萤火虫贸易也显示我们迫切希望萤火虫回来以及一种急功近利的对自然资源的掠夺。”他这个人总想着我们萤火虫，我挺感动的，虽然我有点累了，但我还是愿意陪着他去寻找萤火虫。

就这样，我跟着新华在浙江省、江苏省的好多地方去寻找萤火虫，还找到了很多我的同伴，他们都躲藏在深山里。新华说那个“什么三角”区域的萤火虫很重要，需要对他们进行生物多样性研究。哦，我记起来了，是“长三角”，人类的语言太复杂了……

我们走过了好多好多地方，新华也黑了不少，我挺心疼的。我们发现上海、平湖、杭州等地均分布着不同数量的珍稀水栖萤火虫，如雷氏萤和付氏萤。新华很高兴，为了保护这些珍稀的水萤，他带领团队抢救性地采集了部分萤火虫，带回实验室内进行繁育饲养，以保存种质资源。2018 年 10 月，浙江嘉兴平湖市的几个负责人来拜访新华，说想通过我们的萤火虫来修复平湖的生态环境，包括植被、水、土壤等，积极推进美丽乡村建设及乡村振兴。别看我们萤火虫小，发光微弱，但是我们还是很重要的呢，你说对吧！他们交流的时候，我发现新华的眼睛亮亮的，仿佛找到了知己。这么多年来，我好像第一次看他这样兴奋。他高兴，我也开心。平湖的客人参观了新华的水萤培育基地，又去了大耒山的水栖萤火虫种质保护区，虽然天气寒冷，但还是看到了不少人工繁育的水萤。临走的时候，平湖的客人都挺感动的，说新华在这么艰苦的条件下，做出了这么多开创性的工作，令人敬佩。他们特别希望新华能在他们那里建立萤火虫基地，并真挚地邀请新华团队尽快去平湖访问和考察。

一个月后，新华带着我及守望萤火虫研究中心的团队成员们一起去平湖考察。新华在平湖市几个负责人的陪同下，认真仔细地考察了好几个地方，认为可以在这里建一个萤火虫保护基地，助力平湖的生态保护及乡村振兴。双方一拍即合，很快就签订了合作协议。那段时间，新华脸上经常洋溢着笑容。他说这离保护萤火虫的梦想又扎扎实实地迈进了一大步。这家伙这么多年的梦想，终于有实质性的进展了。接下来的日子里，新华带着我坐着高铁不断地往返武汉和平湖，指导平湖的朋友们进行萤火虫繁育中心和科研中心的建设。在高铁上，新华总是平静地看书，各种各样的书，他说他最喜欢的一本书是瑞·达利欧所著的《原则》，对他帮助很大。而我喜欢看窗外的山山水水。

一年后，2019 年 9 月 30 日，由浙江省平湖市当湖街道和守望萤火虫研究中心联合建造的长三角首家萤火虫研究及繁育中心（以下简称“中心”）及中国首个萤火虫生态保育馆建成并开始运转。中心和萤火虫生态保育馆位于浙江省平湖市当湖街道原金家农场西侧，“七彩金虹”新农村内。目前建成的中心及生态保育馆属于“萤火点亮乡村振兴大梦想”项目的一期，整体项目包括萤火虫研究及繁育中心、室内生态保育馆和“萤火虫大米”生态种植三个区块，项目占地200多亩。新华说，这是中国第一个现代化的工厂化萤火虫繁育中心，中心通过工厂化等技术大规模繁育长三角本地的萤火虫种类——雷氏萤，为萤火虫自然复育及科普研究提供基础材料。全世界目前记载有8种珍稀的水栖萤火虫，而雷氏萤是中国独有的水栖萤火虫，在长三角地区有分布，目前数量极少，急需保护。雷氏萤在自然界一年繁殖一代。雷氏萤的幼虫水生，老熟幼虫上岸在土壤缝隙中化蛹，成虫利用闪光进行求偶。水栖萤火虫对水质要求很高，只能生活在二类以上的水环境中，是一种理想的可视化的生态指标。中心通过先进的温、光、补充营养及基因筛选等技术，每年可以培育2~3代，年繁育量可以达到百万只。这的确比新华之前在学校附近建立的一个小型的水栖萤火虫繁育中心要先进多了，我真替他感到高兴。

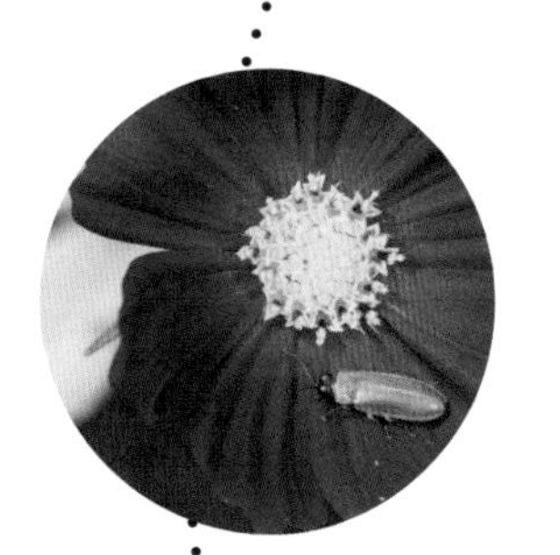

雷氏萤是中国独有的水栖萤火虫

新华他们还在平湖建立了世界上第一个萤火虫生态保育馆。该馆建设面积近2000平方米，包括温室的土建基础、内部道路、温室主体工程、外遮阳系统、内保温系统、地源热泵空调系统、电气控制、

长三角萤火虫繁育中心

互联网远程气候控制系统等配套设施。通过在馆内建造萤火虫所需的生存环境，实现馆内萤火虫和雨林植物可持续自我循环。该馆突破了萤火虫室外自然景观受月相、天气等因素的限制，甚至在白天也可以模拟出夜晚的赏萤效果（白天也可以看到发光的萤火虫），实现全天候、一年四季不间断的赏萤。太酷了，以后小朋友们下雨天甚至冬天也可以来这里看我的水萤兄弟姐妹们的表演了。

新华还特地向我介绍了馆内配置的他们研发的一款神奇的“萤火虫地灯”。这款地灯设置了红外感应装置，一旦有人进入萤火虫生存区域，地灯就会发射红色激光拦截线，同时还会喷出水雾，以此来警示参观者不要“越界”打扰萤火虫。神奇的是，在地灯的顶端有一个感应区，当特制的手环靠近感应区时，地灯开启了一种独特的闪光频率，顿时空中飞舞的雄萤纷纷亮起灯来，缓缓地向地灯的方向飞来，让大家可以近距离地观察到萤火虫（为了不影响萤火虫，每次开启的时间都非常短）。我感到非常好奇，为什么这种光能吸引那么多我的水萤兄弟们？新华说，这种闪光频率和颜色会让我的水萤兄弟们认为是一只特别大特别有吸引力的萤火虫女生在附近，所以水萤兄弟们会纷纷飞过去求爱。通过这个功能，就能向小朋友进

萤火虫生态保育馆

行科普：水萤是靠闪光进行求偶交流的。这个办法真是太妙了。

长三角萤火虫研究中心内配置了萤火虫自然教室，可以针对公众进行科普展示和教育。大家在这里不仅可以近距离观察萤火虫，还能深入学习关于萤火虫及环境保护的相关知识。“新华，你知道你们人类的孩子就喜欢捉住我们放进玻璃瓶子里玩。孩子们来到萤火虫生态保育馆中，看到那么多萤火虫，还能被灯吸引过来，肯定手痒痒，心痒痒，那该怎么办呢？”我问新华。“这是个好问题，我琢磨琢磨哈。”新华一连几天都在思考这个问题。“有了，我可以开发一款捉萤火虫放进玻璃瓶子的 VR 游戏。”新华有一天兴奋地跟我说道。“等等，什么是 VR 游戏啊？”我摇着触角问。“VR 游戏啊，就是虚拟现实游戏，就是在电脑中，用三维特效动画做出的一种像真实环境一样的场景或者游戏。捉萤火虫的 VR 游戏，就是做出一个或者几个像真实的萤火虫栖息地一样的环境，有星空、森林、溪流，有漫天的萤火虫在飞舞，小朋友们可以在里面虚拟地捉萤火虫，然后认识萤火虫。”新华向我介绍道。“哇，这是个好创意啊，能做出来吗？”我又摇着触角问。“我来试一下吧。”新华坚定地说。

VR 萤火虫录屏

他果然写出了脚本，联系了一家科技公司，不停

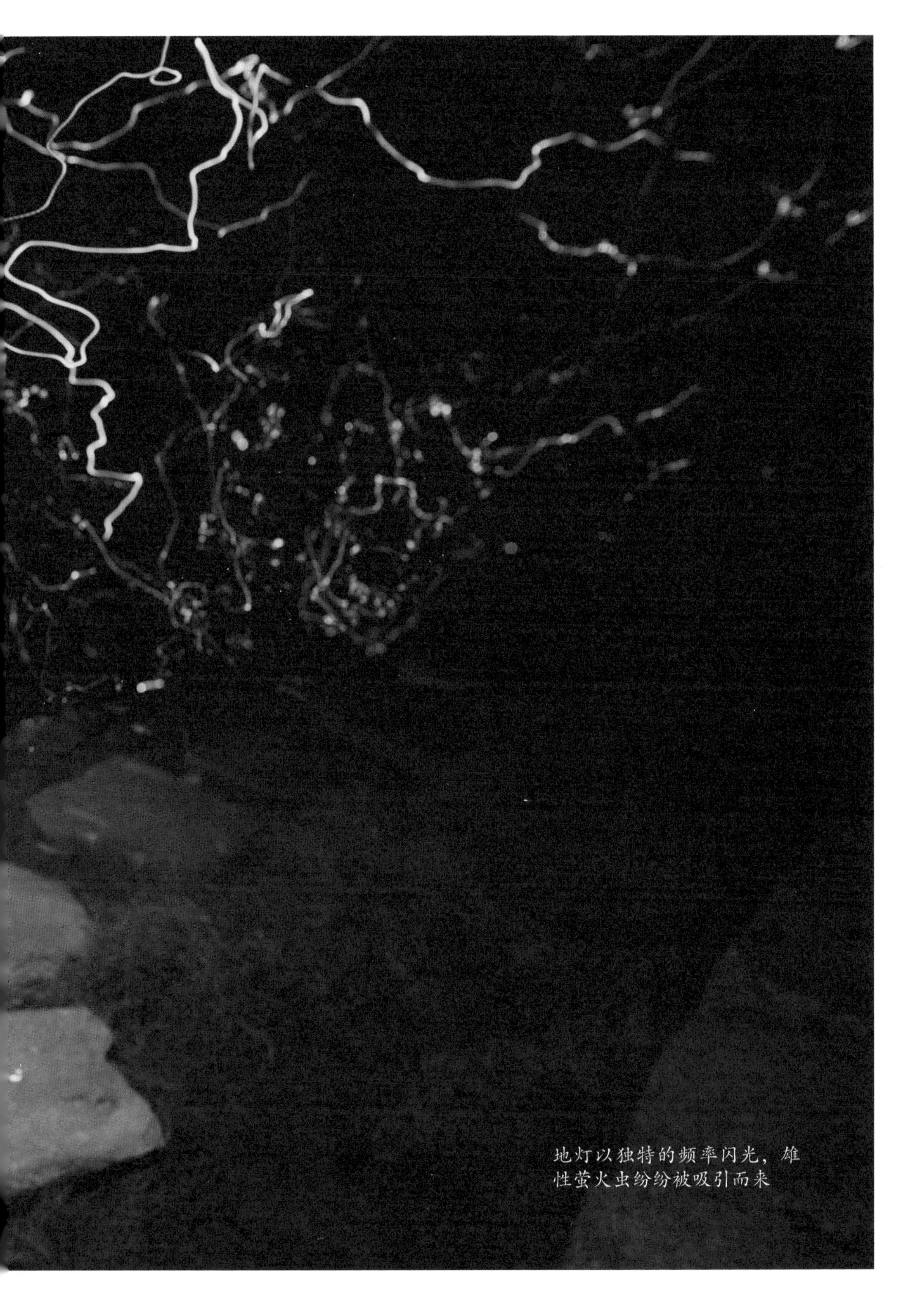

地灯以独特的频率闪光，雄性萤火虫纷纷被吸引而来

地沟通，提供给对方很多很多我们萤火虫美丽的照片。两个月后，竟然把这款《追萤记》的 VR 游戏做出来了。然后，他把这款游戏放在了平湖的萤火虫科普教室里。来这里的小朋友都排着队玩这款游戏。他们左手拿着网子（左手柄），右手拿着瓶子（右手柄），不停地在空中挥舞着，嘴巴里发出咯咯的笑声。这款游戏不仅有壮美的萤火场景，更有意思的是，新华把科普知识也加了进去。每当小朋友们捉到一只萤火虫，放进玻璃瓶子时，就会蹦出一行字——捕捉到一只端黑萤……将瓶子放在草地上的一个木桩子上，瓶子里的萤

旅游小贴士

去平湖萤火虫生态保育馆参观，需要提前预约。如果想去参观，可以在微博“守望萤火”或者微信服务号“守望萤火虫研究中心”留言，提出申请。经过审核批准后，可以前往参观。

预约之后，可以坐高铁到嘉善南站，然后打车去“七彩金虹”的花海。萤火虫生态保育馆在花海附近，位置很显眼。旁边有一个大型的农家乐，饭菜挺不错。住宿可以回到平湖城区，从“七彩金虹”到市中心车程十分钟左右。

火虫会自动地飞出，像烟花一样，哇，好美。远处的大屏幕出现了一共捕捉到的萤火虫品种数，以及每种萤火虫的科普知识。寓教于乐，在玩乐中学知识，这真是太棒了。可惜头盔太大了，我戴不上，否则我也要玩一下捉同伴的游戏。

新华计划着以长三角萤火虫研究及繁育中心和生态保育馆为研究基地，探索以萤火虫为支点的生态修复、水环境保护、生态农业、农旅融合及助力乡村振兴项目，并逐渐将成熟的“萤火虫+”的模式在长三角区域进行复制。这个想法太宏大了，如果能一一实现的话，我们萤火虫就会越来越多，环境越来越好，乡村也会越来越美。我好期待呀！

戴上VR眼镜，一起来捉萤火虫吧

11
古今中外的萤火文化

*

受日本萤火虫研究第一人——大场信义先生的邀请，新华到横须贺市去参观萤火虫博物馆，当然我也跟去了。老先生将三十多年的时间和激情都献给了他为之狂热的萤火虫研究和保护中。退休后，政府在公园内的一个小塔楼的顶楼，建了一个小型的萤火虫博物馆让他继续发挥余热，他白天就在博物馆内给游客讲解萤火虫的故事。从塔楼的二楼向四周望去，一片海天蓝得超出想象。

在大场信义先生不足三十平方米的萤火虫博物馆中，收藏着各种与萤火虫相关的东西，萤火虫标本、明信片、玩具、商品……墙上挂着世界各地萤火虫文化及传说的画和照片，每一幅都散发出一种无可抗拒的魔力，将我吸入时空的旅行中。

我首先来到了玛雅，那瑰丽而又突然被遗弃的神秘文化中。动物在玛雅人的神话及宗教文化中无所不在，鸟、兽、爬虫、两栖动物非常常见，而几种昆虫也出现在其中，萤火虫是其中之一。出人意料的是，萤火虫却和雪茄烟风马牛不相及地联系在一起。在玛雅文化中，萤火虫不是我们所见到的模样，是抽象的，甚至像是外星人的样子。他长着突出的鸟嘴，额头上有着“AK'AB”状的字样，抽象的眼睛贴在脸上，长长的翅膀上也有“AK'AB”的标记，肚子上长着一个奇怪的球形结构，手里拿着或嘴巴里叼着一根燃烧的雪茄烟。肚子上奇怪的球形结构代表着萤火虫的发光器，而雪茄烟则代表着发光。据玛雅传说记载，萤火虫身上携带着神圣的星之光芒，而忽明忽暗燃烧的雪茄烟则被认为是划过天空的彗星的象征。萤火虫在玛雅语中被写为“Kuhkay”，这也同样是星星的意思。在玛雅的蒂卡尔及道斯皮拉斯城邦中，萤火虫被奉为星神及彗星之神，被当地人所崇拜。一座座刺破茂密森林的神庙金字塔，精准的天文历法，忽然之间随着未修建完的城邦被遗弃，繁华的都市几乎在同一时期荒芜。也许是无休止的互相征战和杀戮耗费了玛雅人的元气，也许是干旱使得自然资源枯竭，他们匆忙消失在无边的密林中。

大场信义先生见新华和我看得入迷，便过来给我讲起日本的萤火虫文化。一幅日本萤火虫画深深吸引了我。老先生

说这幅画的大致意思是死去的人划船前往天堂，他们的灵魂幻化成了萤火虫继续在世上飘荡，给黑暗的路人以光明和战胜黑暗的一丝鼓舞。萤火虫在日文中叫“ホタル”，意思是从天降落的星星。古时候的日本，女性夏天都身着色彩艳丽的和服，手持花扇，去参加庙会、烟花盛会、盂兰盆节等各种活动。捕捉萤火虫成为了夏季日本女性的一项娱乐活动。日本文化中，灵魂被描述成一颗飘浮、摇曳的火球，萤火虫的活动形态与之相似，象征人的灵魂。

玛雅文化里的萤火虫

先生向新华说道，日本人非常喜欢萤火虫和樱花，大概是因为最美丽的东西也最短暂，也可能是日本所处的地理环境，明天可能就因为地震或海啸等天灾而魂去，自当更加珍惜短暂而美丽的人生。当新华向大场信义先生半开玩笑地说日本人引以为豪的萤火虫文化可能大部分源自中国，他的脸微微涨红，扶了扶大眼镜，说道：“是这样子吗？”新华说到中国的“化腐为萤”，他瞪大了眼睛，“啊，日本也有这个说法。”的确，有人说中国最传统的文化在日本，从日本这面镜子里可以看到我们自己。经历了太多的动乱，中国的传统文化在慢慢逝去，而日本却保留了中国的传统文化，甚至是萤火虫传说。

中国五千年悠久历史延续到今天，萤火虫这个大家曾经熟悉的小虫子，正在逐渐地被人们所遗忘。古人很早就认识了萤火虫，《埤雅·萤》有写道："萤，夜飞，腹下有火，故字从荧省，荧，小火也。"萤火虫在中国文化中是负面的，是凄冷和荒凉的象征。因为古人认为，萤火虫乃腐草生成。只有在荒凉的、杂草丛生的地方甚至坟墓周围才会有腐草，才会有萤火虫。故而萤火虫给人的感觉是冷清、荒凉、沉闷、

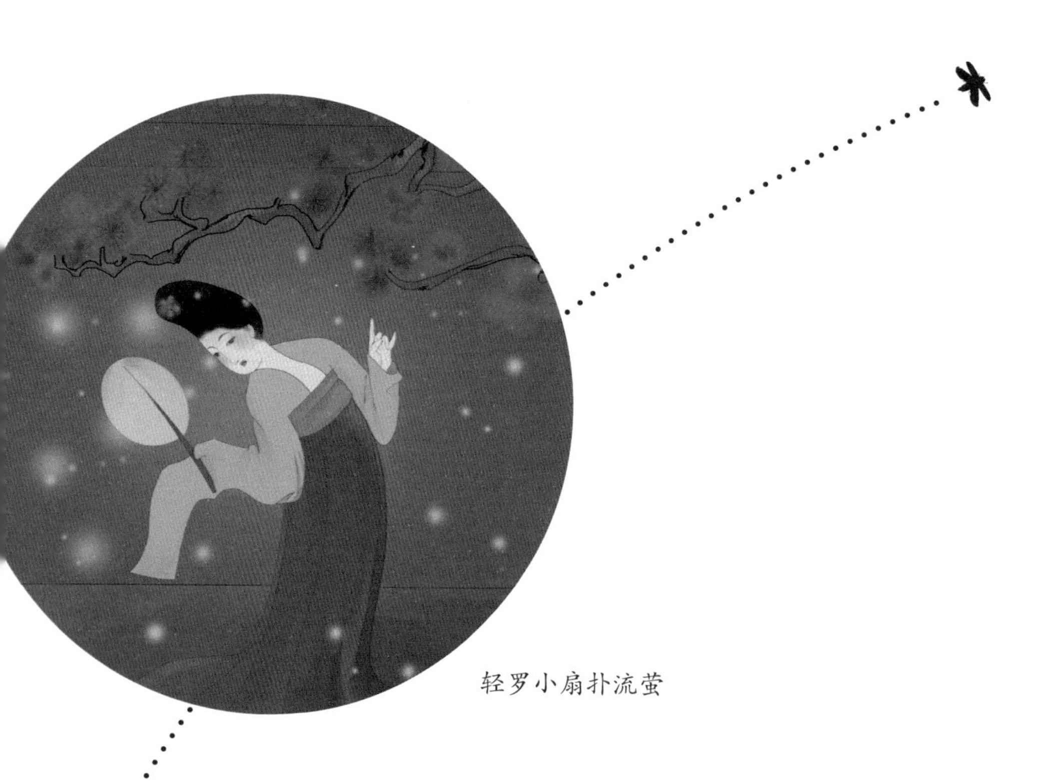

轻罗小扇扑流萤

孤寂。

晚唐诗人杜牧的《秋夕》：“银烛秋光冷画屏，轻罗小扇扑流萤。天阶夜色凉如水，坐看牵牛织女星。”这首诗描写了失意的宫女深居宫中，终日寂寞怅惘地孤独生活着，身心自由都被禁锢。虽貌美如花，但荣华渐逝，看不到自己的未来，只能夜晚与流萤为戏，空羡虚无的牛郎织女相聚，更倍感凄凉。新华说他能体会杜牧胸怀大略却因无施展之地而闷苦，人生痛苦的是看不到希望，更痛苦的是看到了一点希望，却陷入无尽的漫长等待中。我能理解新华为什么这么说，因为他在最困难的时候，也有这种感受。

萤火虫虽然有荒凉和孤寂之意，却也能成就寒窗苦读的人。晋代的车胤可能是最早尝试利用萤火的古人。他因为家境贫寒无钱买灯油而抓了数十只萤火虫放到绢布袋子里当作灯来读书（车胤囊萤）。新华跟我说：“古往今来，许多人对此表示怀疑，这么微弱的光如何能看清竹简中的字？更有不少现代人对此嗤之以鼻，认为车胤是做秀。”我问道：“到底囊萤夜读是真实存在的，还是古人以讹传讹？我们萤火虫的光芒能用来读书吗？”我也非常好奇。

“小新，你知道吗？”新华皱了皱眉头朝我说道，“首先，认为车胤靠白天抓萤火虫夜晚读书而炒作出名的说法是错误的。萤火虫是一类夜行性的发光甲虫，白天栖息在草丛中或土壤缝隙中，很难被发现，更不用说采集数十只回来夜读。

古时候应该是水流清澈，幽蓝的夜空繁星璀璨，萤火虫数量必然非常之多。可以想象，车胤能轻易地从家门口或田边捕获大量的萤火虫。其次，关于囊萤夜读的可行性问题，我做了一个实验。在一个150毫升透明的玻璃烧瓶中，分别放入25、50及100只实验室饲养的萤火虫，将一张打印有12号宋体文字的A4纸放在距离烧瓶3厘米处，借助萤火虫发出的光辨认文字。在放有25只萤火虫的‘萤光灯’下，字迹无法看清；50只的‘萤光灯’下，能看清字迹；100只的‘萤光灯’下，能清楚地看清字迹，但仍非常费劲，我努力坚持5分钟后眼睛感到非常疲惫，开始头疼。其原因在于大多数的萤火虫发出的光是一闪一闪的，不像我们的电灯泡一样常亮，这盏‘车胤牌’萤光灯发光极为不稳定。人眼的瞳孔不断地进行调整来适应这种忽明忽暗的光，眼睛很快就会疲惫而停摆。因此我们的眼睛会本能地排斥这盏‘萤光灯’。”没想到我的人类朋友新华虽然笨了点，但是分析得头头是道，我表示完全赞同。

新华接着说：“车胤囊萤的故事应该是真实的，也只有小孩才能想出这么有趣的主意，可是囊萤夜读的效果不好。可以想象到，车胤应该坚持了几个晚上。几天后绢布带子中的萤火虫会全部死掉——萤火虫们也许不怨恨车胤，也许照亮车胤的脸庞和书简是一种幸福。古人大多敬仰和钦佩刻苦读书的精神，而不会在意车胤是否会坚持用萤火虫照亮读书。

这种刻苦奋斗、寒窗苦读的精神早已广为流传。现代人夜晚读书不需要像车胤那样费劲，只需轻轻一扭台灯开关，稳定明亮的灯光顿时驱走黑夜，但囊萤夜读的精神应该长留在我们心中。”“哦，原来是这样！这小朋友还真是勤奋和懂事。我们萤火虫也是棒棒哒，给他带去希望和光亮。”我旋转着飞起来说道。

最懂得欣赏萤火虫之美的是颇具小资情怀的隋炀帝杨广。他在洛阳景华宫时，曾经派人搜求萤火虫好几斛（斛，一种量具，一斛相当于十斗）。晚上出游，几十斗的萤火虫一起放飞，“夜出游山放之，光遍岩谷”，其壮观可想而知。

“萤烛之光，增辉日月”。萤火虫的光芒虽然很微弱，却能燃烧自己为他人增辉，也能划破黑暗。萤火虫振翅高飞，在夜空中洒出点点的萤火，这光芒和星光又有何区别呢？

萤火虫是如此可爱，引得古人竞相描写歌颂，最为经典的诗句是李白的《咏萤火》：“雨打灯难灭，风吹色更明；若非天上去，定作月边星。”很难想象十岁的李白，在萤火环绕的星夜下，写出了这样美的诗句。

新华很喜欢泰戈尔的《萤火虫》：

小小流萤，在树林里，
在黑沉沉暮色里，
你多么快乐地展开你的翅膀！

你在欢乐中倾注了你的心。
你不是太阳，你不是月亮，
难道你的乐趣就少了几分？
你完成了你的生存，
你点亮了你自己的灯；
你所有的都是你自己的，
你对谁也不负债蒙恩；
你仅仅服从了，
你内在的力量。
你冲破了黑暗的束缚，
你微小，但你并不渺小，
因为宇宙间一切光芒，
都是你的亲人。

新华说，他也喜欢鲁迅关于萤火虫的描写。那是在鲁迅先生的《热风·随感录四十一》中的一段话："愿中国青年都摆脱冷气，只是向上走，不必听自暴自弃者流的话。能做事的做事，能发声的发声。有一分热，发一分光，就令萤火一般，也可以在黑暗里发一点光，不必等候炬火。此后如竟没有炬火：我便是唯一的光。倘若有了炬火，出了太阳，我们自然心悦诚服的消失，不但毫无不平，而且还要随喜赞美这炬火或太阳；因为他照了人类，连我都在内。我又愿中国

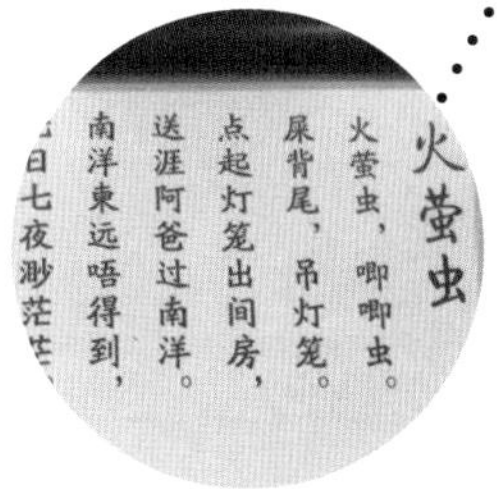

青年都只是向上走，不必理会这冷笑和暗箭。”

是啊，新华在最艰难的时候，没有等待，没有怨言，他只是更多地在黑夜里前行，寻找萤火。他自己就是一团萤火，照亮大家夜晚脚下的路。他自己的座右铭就是这样的一句话：与其诅咒黑暗，不如自己发光。我愿意用我有限的生命力，给新华照亮他脚下的夜路。

“Fu san, Fu san！”被大场信义先生轻声唤醒，新华叹了一口气，眷恋不舍地离开。再见萤火虫!

12 九龙国家湿地公园的萤火虫

“小新，我带你去一个好地方，一个湿地公园，里面萤火虫非常多非常漂亮。”新华兴致勃勃地跟我说。“好啊，好啊。”我欢呼起来。“这个地方叫作九龙湿地，是一个国家级湿地公园，在浙江省丽水市郊区。它位于浙南‘母亲河’瓯江中游，因公园的核心区坐落于九龙村而得名。这个湿地公园是浙江省唯一一处连片面积最大、最具代表性的河流湿地，也是‘八百里瓯江’最具原生态风貌的江域湿地生态系统，被评为浙江省十大最具特色湿地。”新华向我介绍道。

新华说九龙湿地公园是瓯江流域精华所在。它以河流、滩涂、沼泽、森林为主，共有 9 片泛洪湿地，沿瓯江干流大溪呈串珠状分布，与湿地长廊中大片枫杨林构成了独特的“水上森林”奇观，绵延近十千米，蔚为壮观，宛如漂在瓯江上的一条绿带——这在浙江省八大水系中，甚至是全国都极为罕见。水是九龙湿地最根本的要素，约20千米长的瓯江像一条蓝色飘带穿越在湿地内。独特的地理位置和自然环境，造就了九龙湿地“淳朴、奇韵、野趣”的原生态特质，像一幅纯美的立体山水风景画卷。

九龙湿地中最美的还是萤火虫。在这里处绝对优势的萤火虫是三叶虫萤，每年3月中旬到4月中旬爆发，数量可以超过80 000 000只，非常壮观。九龙湿地中有很多可以观赏萤火虫的地点，有一处是在水上修建了一座小桥，人们可以慢慢走过小桥，看两岸的萤火虫飞来飞去，只见成群结队的萤火虫时不时地从小桥上空掠过，引起声声欢呼。新华说他最喜欢的是一个封闭不对外开放的森林。森林并不茂密，里面有一条不宽的石子路，蜿蜒向远方。苔藓从石头缝隙中茂密地长出，整洁惬意，好像一条绿色的毯子上均匀地镶嵌上了颗颗珍珠。一到傍晚，成片的萤火虫从草丛中钻出，从东飞到西，从南飞到北。新华说这幅画面好像是童话里的仙境，仿佛不太真实，却又实实在在就在眼前，他可以站着看两个小时也不觉得厌。

赏萤小贴士

1. 九龙湿地公园适合自驾前往，导航地点设置为“浙江省丽水市九龙国家湿地公园”即可。从丽水市区到九龙湿地仅半小时车程。

2. 最适合的赏萤季节为3月中旬到4月中旬，注意避开下雨天。

3. 赏萤结束后可以开车回市内住宿。

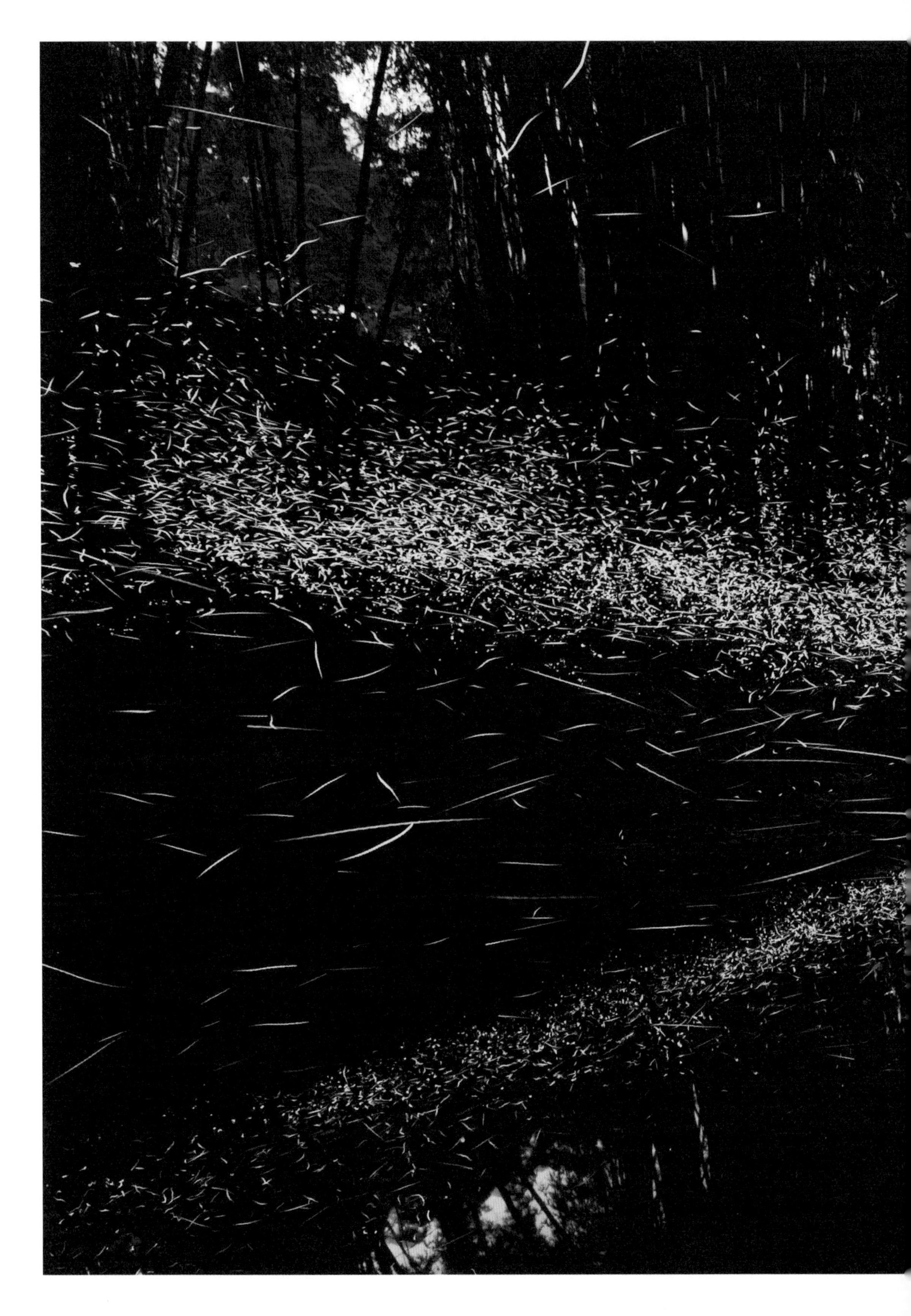

13

青神的萤火虫

新华说要带我去一个很有“神明”的地方去寻找我的同伴，我瞪大了双眼，“神明？哇，我得先沐浴更衣……”这个地方叫作青神（四川省眉山市青神县），不熟悉的人很容易误解为是四川的青城山。据说，青神是古蜀国“后户”，因第一代蜀王蚕丛氏“着青衣而教民农桑，民皆神之”而得名，建制至今已超过1400年，境内有“一江五河三十二溪流”。新华说这个地方山水秀美，历史悠久，人文荟萃，是北宋大文豪苏东坡求学、初恋之地，又有“蜀王蚕丛故里”“苏东坡初恋的地方”“中国竹编艺术之乡”“四川省革命老区县”之名。

新华说青神地貌以浅丘为主，兼有部分平坝之地。那里属亚热带湿润气候，气候温和，雨量充沛，四季分明，冬迟春早，无霜期长，年均气温 17.1℃。全县森林覆盖率 44.05%，是生态旅游发展县。这个地方非常适合萤火虫的生长，所以萤火虫特别多，总数量超过 1 亿只，萤火虫的数量和种类在整个四川省都位居前列。每年的 3 月中旬至 4 月中旬，漫山遍野的萤火虫飞舞在草丛中，非常壮观美丽。

“新华，你是怎么发现这么一个好地方的？”我问道。“青神县以竹产业为主要特色。人们发现竹林里有很多萤火虫，很多人慕名前来赏萤，也发生了许多破坏萤火虫的现象。县里的领导们考虑能否将萤火虫和竹子联合起来打造成一个特色产业，于是就有了‘竹里萤光’这个概念。随后，他们找到我，希望我来帮助他们保护和可持续利用萤火虫。我们已经建立了一个守望萤火－西南萤火虫研究中心啦，全面对整个县域的萤火虫进行保护。”新华娓娓道来。“原来如此，这个县的发展思路太棒啦！”我欢呼道，举起了六个大拇指。

新华还说青神有一个绝活，就是中国竹编。青神竹编历史悠久，艺术精湛，名甲天下。这个县里还有一个很有特色的国际竹编艺术博览馆呢。国际竹编艺术博览馆是景区的核心和标志性景观，外观为竹篮造型，寓意青神是国际竹编艺术的摇篮。它以竹与人类生活为主题，以竹编文化内涵为主线，充分展示了国内外竹编艺术精品——是一部浓缩的竹编艺术发展史，一卷赏心悦目的竹编美学鉴赏集，一座珍贵的非物质文化遗产殿堂。另外还有一个颇具特色的地方可以去玩，那就是竹林湿地。竹林湿地位于国际竹艺城西南部，占地266亩。该湿地融入青神竹编的特色，体现出“万竹博览、竹编文化展示和旅游休闲”三大功能。湿地景观绿化以竹类植物为主，同时搭配栽植部分乔、灌、花、草等相结合的多层次植物群落。竹类植物除了选用乡土竹，还引进了国内外具有观赏价值的竹，分为观叶、观杆、观形三大类，共计36种骨干品种，382种竹类。

新华接着说：“青神的中岩是北宋大文豪苏东坡初恋的地方。苏东坡年少时曾在中岩书院求学三年，并与恩师之女王弗‘唤鱼联姻’成就千古佳话。‘小轩窗，正梳妆…’这首悼念亡妻之作《江城子·记梦》寄托了东坡对发妻的真挚爱恋。”我挥动触角感叹道：“真是个浪漫的地方呀！”

“这个地方有美丽的竹海、成片的萤火虫，还有浪漫的爱情故事，听说这里还有非常好吃的柑橘、粑粑柑、南瓜柑、沃柑和冻粑（一种玉米包裹的米粑），我都不想走了……”我又开始撒娇了。

赏萤小贴士

1. 目前青神只开放了两个赏萤点，即黄水凼和兰厂沟，游客需要提前预约进入，不需要门票。

2. 开车自驾前往赏萤点比较方便，有的路比较窄，开车需谨慎。赏萤结束后须返回市内住宿。

下篇

我的兄弟姐妹们的身世揭秘

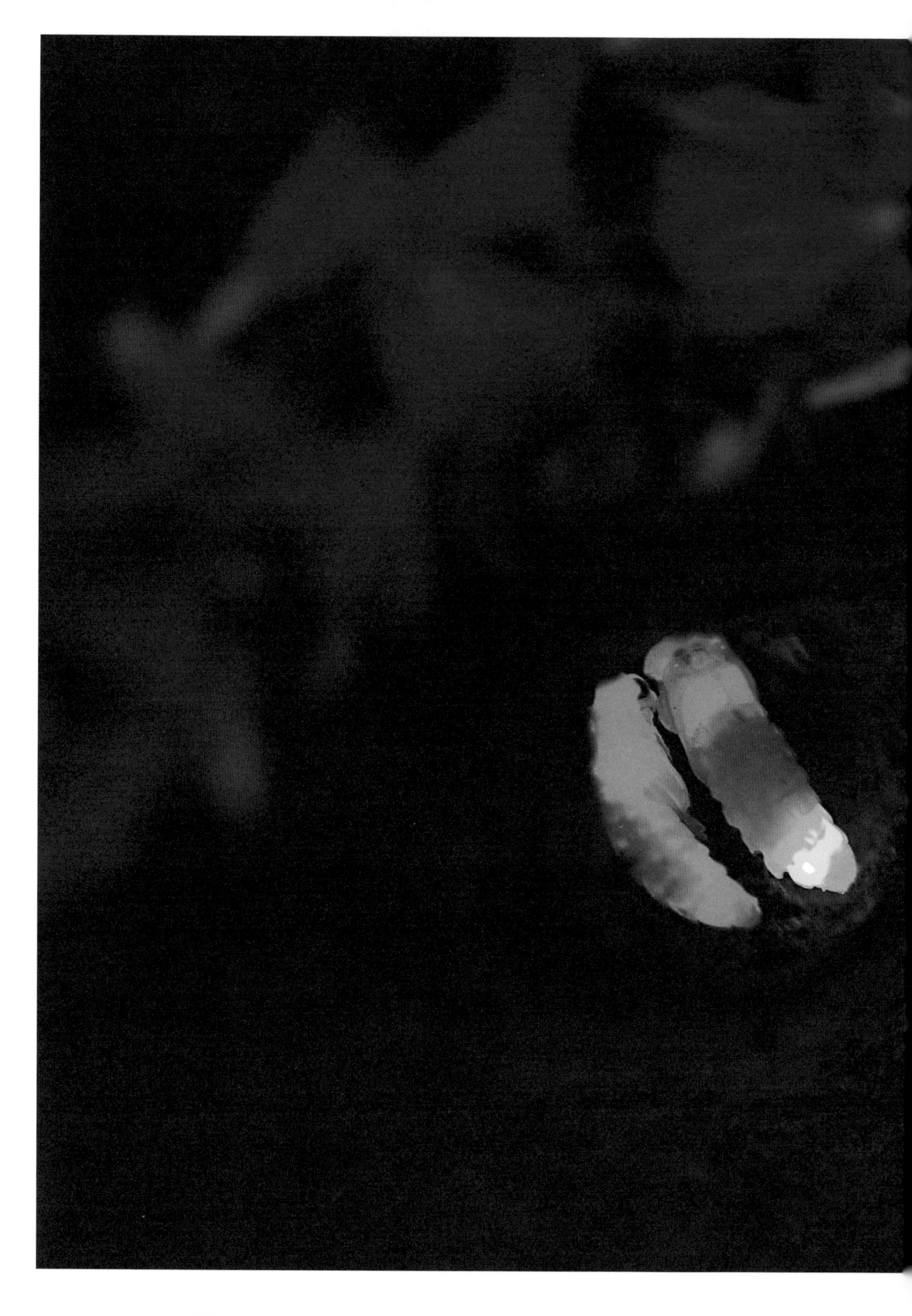

1 水陆空三栖明星——黄缘萤

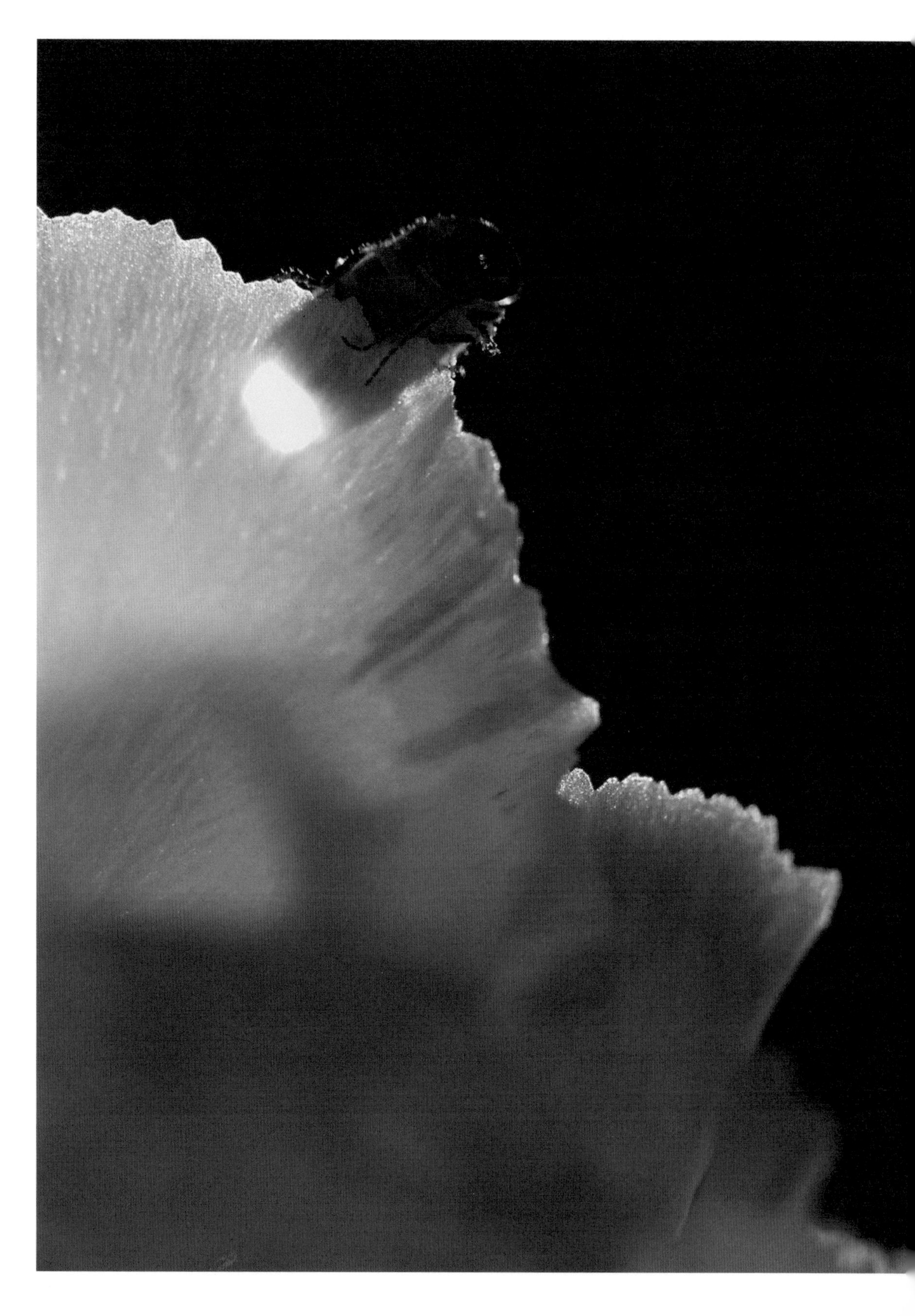

小新讲完了自己的故事后，还意犹未尽，想继续讲他的水萤兄弟——黄缘萤的故事。但黄缘萤觉得小新知道得太少了，于是他一把抢过了麦克风，激情地讲述起来。

Hi，伙计们！我叫黄缘萤，暂时接替了小新的活。不过，我只能写写自己的故事，而且这点隐私我还不知道你们会不会买账，因为我没能记录下那些发生在我们简短生命里惊心动魄的故事，我不想把它写成一本传奇，那样太做作了。所以，我老老实实地以平实的语调把一只普通萤火虫的生命故事记录下来了。

我们黄缘萤是水栖萤火虫的一种。相比陆生萤火虫，我们水萤可是萤火虫家族中的宝贝。据说，目前世界上只有8

种水栖萤火虫，数量稀少而且只眷恋亚洲的温暖水域和美食。黄缘萤只在中国才有。作为一只黄缘萤，在童年时代，即幼虫阶段，我整天待在水底。这段长长的童年和少年时光，我只做三件事：休息、吃和提防被吃。我们喜欢水流缓慢的稻田及小溪，因为那里有我们最喜爱的食物——淡水小螺。我们躲藏在水草底下休息，当一条条小鱼从我们身边快速掠过，我们甚至连头也懒得抬。“唉！这些一天到晚游泳的鱼，只能困在水中，离开水就不行了。”我们经常这样嘲笑他们。

我们水萤家族的幼虫和那些从不陆上旅行的鱼类朋友一

黄缘萤的幼虫具有1对3节的触角，和1对弯曲锋利的中空的上颚，上颚具有可以注射和吸收食物的槽（扫描电镜下拍摄）

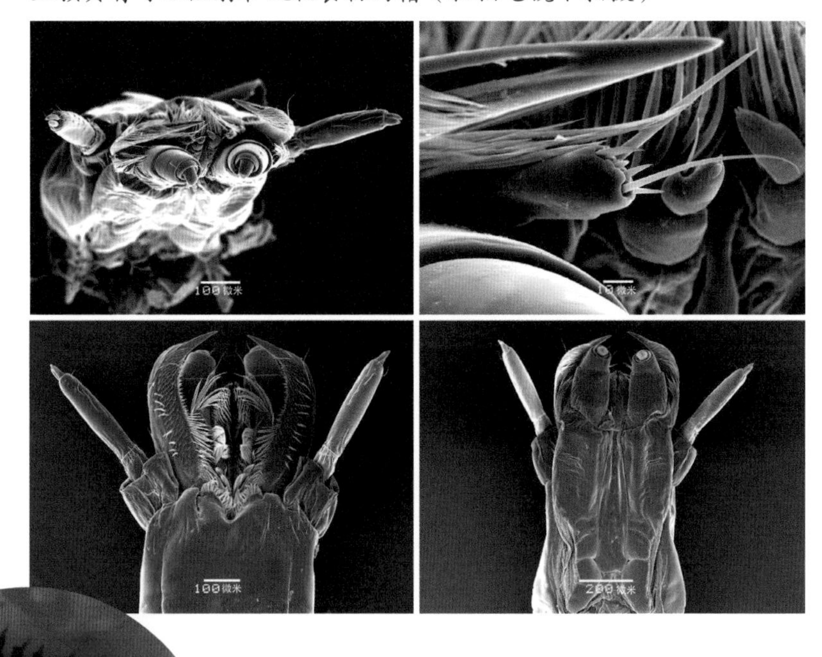

水栖萤火虫黄缘萤的幼虫以水底的淡水螺为食

样，具有与鱼鳃结构类似的呼吸鳃，它可吸收溶解在水中的氧。这种呼吸鳃并非长在头上，而是长在腹部两侧的8对附肢上。这些黑色的呼吸鳃看起来非常吓人，就好像毛毛虫身上令人恐惧的毒毛。这些可以让小姑娘尖叫的“黑乎乎的毒毛”却是我们水萤幼虫的“肺”。这些“肺”要伴随我们整个幼虫的阶段，直到爬上陆地化蛹才会脱掉这件丑陋的衣服。这些“黑肺”甚至可以允许我们直接呼吸空气中的氧气。

一个星期前，我经历了一件非常可怕的事。一天早晨，我正在水稻根部休息时，突然一个人类模样的生物在我眼前闪现。还没等我回过神来，我就发现自己已经腾云驾雾般地随着身下的泥土被抛到了田埂上，暴露在热辣辣的阳光下。我知道在阳光的烘烤下，我的身体会迅速脱水死亡，必须尽快回到水中。在这紧要关头，我突然想起母亲教我的一招，不，我母亲并未亲自教过我，我只是通过本能知道必须打开呼吸鳃基部膨大的气门，直接从空气中呼吸氧气，否则我就会死去。就这样，我一边费力地用气门呼吸，一边花费了几乎整整一个上午的时间才慢慢地爬回到水中，有惊无险地化解了这一危机。但是并非所有的水萤都有气门。通过在水中不断的社交活动后我发现，1龄大小的那些弟弟妹妹没有气门；2~3龄后我们的呼吸鳃基部逐渐膨大，但也没有气门；直到4~6龄我们才会长出明显的气门。

最近我交了一个朋友，他叫付新华，是个男生，从一见面我们就成了好朋友。当然，你知道好朋友是什么意思，他把我从水中带到了他的实验室。有些关于我们的故事就是他告诉我的。他说有一次，他将20只刚刚吃饱的我的4龄伙伴，放在了铺有湿润滤纸的盒子里，在25℃的人工气候箱中——他们居然可以平均活14天，最顽强的那一只竟然活了22天。他告诉我，我们幼虫在发育中等程度后就具备了可以在陆地上短暂生活的能力，而这一能力得益于我们中期发育形成的呼吸工具——气门，这可是我们这种陆栖萤火虫的专属。

我们幼虫白天躲在水草底部或者泥土里休息，夜晚就出来活动找吃的。我们不能游泳，只能爬行，所以多少有点羡慕小鱼儿们。为什么会这样呢？我的朋友新华说，我们的小腿很短也很纤细，不能有效地抓地，一阵急流就会把我们冲得无影无踪，这就是为什么我们那么喜欢水流缓慢的稻田的原因。步履蹒跚的老人家总是离不开拐杖，我们也不例外，所以在我们的腹部末端有个辅助爬行器官——尾脚（腹足）。这个器官由左右对称的6个可伸缩自如的“脚趾”组成，如果你仔细看，比如通过扫描电镜，你可以看到我们每个脚趾都有两个圆筒形的结构，在这圆筒形的外部还长有一层一层的钩子。这6个脚趾全部伸展开来，就像一枚掉了一半花瓣的残败花朵，可神奇了。可惜我从未仔细观察过自己。我们总是对自己的形貌不在意。新华说，正是这个长相奇特的尾脚帮助了我们幼虫在水底爬行甚至爬上高高的水草。

我也从未在镜中看过自己爬行的模样。据新华说，我们的样子很滑稽，爬行时，三对好似裹过脚的腿努力地向前伸展，紧紧抓住地面，尾脚松开，腹部向前向内弯曲，尾脚落下重新抓紧地面，小腿再往前延伸，这一动作不断重复。我们快速爬行的时候很像戴着老花镜的老先生拿着戒尺拄着拐棍在快步追赶顽皮的学童，偶尔还打个趔趄。真是这样丑吗？我听后自己都想笑。

寒冬终于过去了，春天早早地到来，迎春花迫不及待地吹开黄色的小喇叭通知大家快点苏醒。温暖的风儿不时地从染料盘中泼出大块的绿色、黄色，还淅淅沥沥地滴下若干红色、蓝色、紫色……贵如油的春雨也经常下来探望，将原本干涸得只剩下一丛丛茎秆的稻田注满了春水。稻田的水面上漂着一朵朵浮萍，互相眷恋着，分离着，藕断丝连着。体长不到1厘米的淡水小螺椎实螺也出来仰泳了，偶尔他们还跑到稻秆上去散步。逐渐腐烂的水稻茎秆及叶子给这些慢吞吞的家伙提供了丰盛的、张口就来的食物，他们偶尔还浮上水面啃啃绿绿的浮萍，一副很享受的样子。成熟的椎实螺在水中交配后，将他们的宝宝产在水稻的茎秆上，用一团透明的胶状物质将小家伙包裹起来。在阳光照射下，这些卵块好像大粒的樱桃果冻，闪闪发光。若干天后，椎实螺小宝宝出生了，他们黑压压地在稻田中吃着、移动着。

度过一个长长冬季的我们也苏醒了，由于怕危险，白天

如果不是饥肠辘辘的情况下，我们不敢出门。晚上是我们的大好时光，我们个个精神抖擞，在水底、水草上来回搜寻椎实螺——就是上面那些穿铠甲的小家伙，他们是我们的食物。当一只椎实螺悠然自得地悬浮在水中的落叶上啃食时，他哪里知道大祸即将临头，我也上了落叶，并从他的身后缓慢逼近。椎实螺并不清楚我们水萤幼虫是他们祖祖辈辈的克星，不过等他们知道也晚了。我们会利用发达的触角及下颚须的化学感受器准确地定位椎实螺的位置，并逐渐逼近他们，对他们发动精确的打击。我们用尖而锋利的弯形上颚刺入他们的头部肌肉，并紧紧地咬住，毒素随之通过中空的上颚注入椎实螺的体内。“滋”的一声惨叫，椎实螺就会彻底明白自己的遭遇，他们会剧烈地摆动着螺壳，试图将我们捶打下去。但是通常这个时候他们无法摆脱我们，我们会死死地咬住他们，弯过腹部，用尾脚抓紧他们的螺壳，并注入更多的毒素。这些招数都是我们慢慢推敲出来的。对付食物，有些本领是与生俱来的。就这样，可怜的椎实螺逐渐停止了反抗，缩进了螺壳，两个小气泡从螺壳内冒出来。

到了这会儿，我就可将自己小小的头深深地扎入螺肉中，埋头大吃起来。但是别忙，我们的进餐通常会有陪客，我们喜欢分享食物给同伴，在这点上我们非常义气。我的哥们儿经常在我狼吞虎咽之时赶来蹭饭。我也见怪不怪了。反正有福同享，有难同当。于是，几个小时后，这份我辛辛苦苦猎

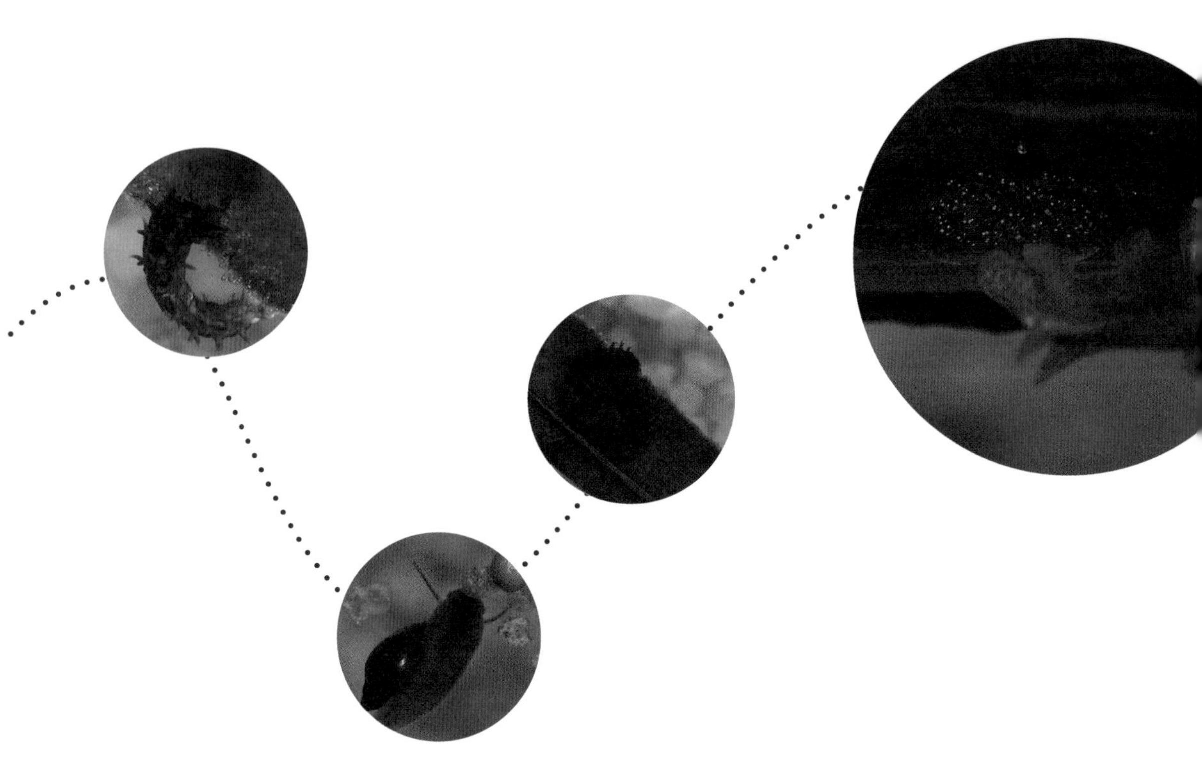

取来的螺肉就被吃得一干二净啦。你或许会问我们怎么会将螺肉吃得如此干净？我们没有咀嚼式的口器附肢，消化道也只连接着那一对锋利且中空的上颚，也没专门的毒腺或者唾液腺……我想也许是我们幼虫会将肠液通过上颚的管道注入螺体内，这种肠液既能麻痹也能分解组织。也就是说，在我们把肉汁吸入体内前，肠液已经承担了胃的作用将他们“消化”分解好了。

别忙着赞美我们，我们不总是那么慷慨，有时候也会为了食物大打出手。但有一点，你可以赞美一下，我们是非常爱干净的食客。每次吃完大餐后，我们总是不忘绅士般地将嘴巴揩干净，只不过我们不用纸巾而是用那只像残败的花朵般的尾脚。这个动作我可以以慢镜头的方式做给你看：我们的肚子会高难度地弯过来，尾脚不停地伸开、收缩，梳理着小而精干的头及前胸背板，整个梳理过程大约持续十几分钟。

你觉得我们很美？嗯，是这样的。在晚上，我们喜欢打灯，就是在童年时光，我们也喜欢亮起我们的尾灯，可以说我们一出生就开始在尾部点灯了。就算是我们在晚上寻找小螺的时候也不闲着，在我们第八腹节的两侧，长着一对乳白色的圆形发光器，它们会发出黄绿色的光。这光虽然微弱，但在黑暗中却很夺目。我们在幼虫阶段发出的光不像长大后那样有节奏。我们有时候在水底爬行时，会在水底“黑画布”上画出一行行荧光轨道。新华说我们留下的痕迹颇有点现代印象派绘画的风格。然而这不是我们在诗情画意地创作，而是一种残酷的自然法则。我们幼虫发光的目的只有一个，那就是警戒天敌。在我们的灯光面前，任何尝试攻击我们的掠食者都需要弄清

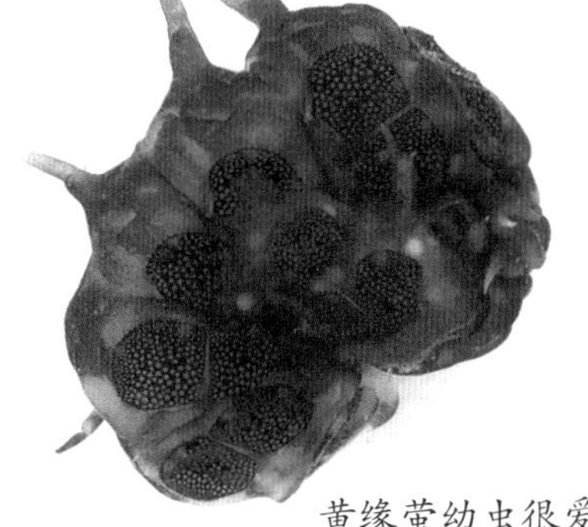

黄缘萤幼虫很爱干净，经常用尾脚给全身清洁洗澡

楚一个问题，这个发着光的丑陋家伙好不好吃？有没有毒？这个家伙的确不好吃，而且惹毛后会放出臭气。这种臭气来自我们身体内可翻缩的防卫腺体！

哈哈，这下你知道了吧，我们在幼虫阶段还有一个防御武器。这些牛角状的腺体平常隐藏在体内，从外表根本无法看到，这些武器的发射口只在身体两侧隐隐可见。当掠食者试图攻击我们的时候，我们会发光警告，如果警告无效则放出化学武器。这些透明的腺体平常处于真空状态，漂浮在我们的血液中，一旦我们处于一级戒备时，我们的身体会缩小，血液压力增大，腺体的发射口微微张开，腺体内合成的“松香味”的挥发性萜烯类化合物瞬间会倾泻而出将掠食者赶走。如果掠食者仍然不识趣继续骚扰，血液压力会将我们身体两侧对称的10对白色腺体从“眼睑”状的开口一一翻出，犹如一具具导弹发射器，浓烈难闻的气味会将掠食者轻松赶跑。

新华说我们的武器有点橙子油的味道。我知道他这是在美化我们，因为我知道他喜欢我们。他告诉我一个秘密，他有次通过扫描电镜发现在我们这些牛角状的腺体表面密布着非常美丽的花朵状的球形结构。这些美丽的球形结构十分危险，难闻的挥发性有毒化合物就是从这里释放出来的。放大7000倍后，可以清楚地看到这些球形结构的四周呈对称结构，如花瓣状，两瓣、三瓣、四瓣、五瓣、六瓣，真的是非常的神奇。他还通过超薄切片及透射显微镜发现我们每个球状结

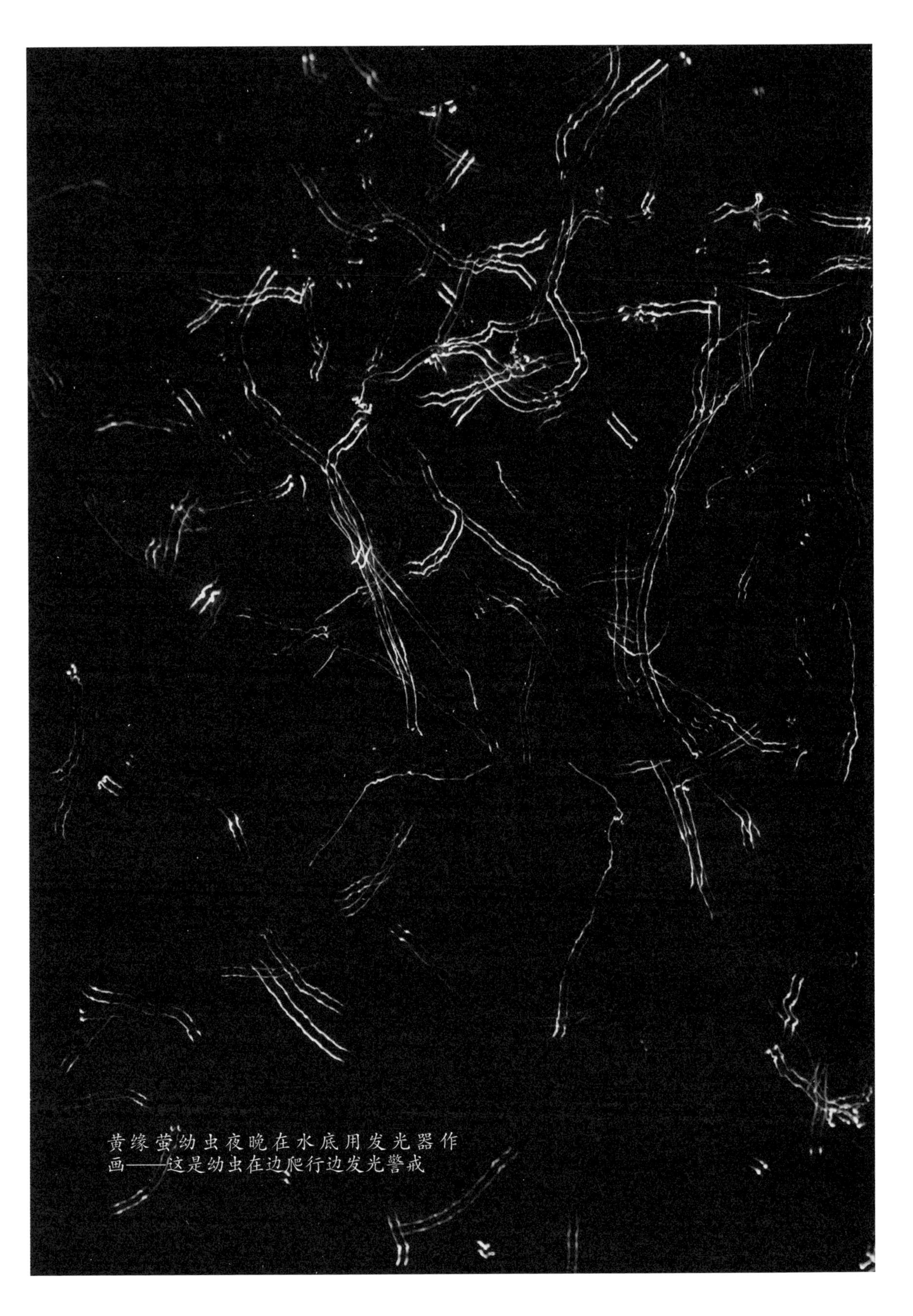

黄缘萤幼虫夜晚在水底用发光器作画——这是幼虫在边爬行边发光警戒

黄缘萤的化学武器——身体两侧的翻缩腺体

翻缩腺体表面上有着美丽的花朵状球形结构

构连接着一个巨大的分泌细胞，细胞内具有发达的线粒体和密集的管状内质网。他推测正是这些细胞从血液中获取一些前体化合物并在腺体及球状结构内加工，再通过球状结构释放出去。

有一些陆生萤火虫幼虫（如短角窗萤等）也具有类似的防卫腺体结构，但都不如我们水栖萤火虫幼虫能够将其运用自如。为何大多数陆生萤火虫家族不具有类似的结构，而几乎所有的水栖萤火虫均具有如此复杂有效的防卫腺体结构呢？新华说这是一个谜，以后他会慢慢告诉我的。目前他只能推测：我们水栖萤火虫的生存环境较陆生萤火虫的更为恶劣；在水中生存的我们，皮肤柔软，能更有效地翻缩腺体进行防卫。他有次当着我的面将大小不一的水萤幼虫放在一个装有水的培养皿中，分别测试他们对小木棍骚扰的反应。小木棍骚扰行为测试实验分为四个等级：a. 缓慢靠近幼虫；b. 轻触幼虫的身体；c. 将幼虫翻个身；d. 用力挤压幼虫。结果相当有趣，小个体的幼虫总体倾向于逃跑，而大个体的幼虫更会防卫。在水中进行防卫的幼虫大多发出警戒性的光，而非翻出腺体防卫，也没有松香味道的化合物释放出来，当然在最强烈的第四等级的刺激下，大多数的幼虫都会发光，翻出腺体，释放化合物。当他把另一批幼虫放在干燥的纸巾上再进行同样的测试时，他们显得非常敏感，更容易发光，翻出腺体，释放化合物。

我们都是贪吃的家伙，会不停地吃上 10 个月，然后突然有一天醒悟了，不吃了，那也就是我们快到化蛹的时候了。这时，我们会聚集在水陆交界处，适应一个星期左右，然后正式登陆——那是一条充满坎坷和未知的命运之路。征途终于开始了：我们在夜晚小心谨慎地缓慢爬上岸，寻找合适的土缝钻入。在上岸的过程中，我们呼吸鳃基部的气门开始正式发挥作用了——它们直接从空气中吸入氧气。陆地对我们来说是一个危险的所在，比水中面临的危险更多。所以，为了防止攻击，警戒性的发光器需要时刻亮起并警惕随时可能扑来的掠食者。此时，我们也比在水中更容易翻出臭腺进行防卫。可是，这是冒着巨大的风险的。我们合成这些可以驱赶掠食者的化合物是需要相当漫长的时间和能量的，一旦这些化合物释放完毕而掠食者还未被赶走，其后果是可以想象的。另外，翻出这些腺体后，缺少了水中的压力，我们很可能无法将这些腺体收回，或者将一些粘在腺体上的泥土也带入了体内造成感染而死亡。所以这种翻出腺体防卫的代价极大，翻还是不翻是一个生死攸关的抉择。

当幼虫找到一个合适的土缝或者小洞时，很快会钻入并开始建造蛹室，将自己封闭起来，在里面进行痛苦的蜕变。新华在实验室中用土建造了一个倾斜的土坡，在土坡上钻了若干深 1.5 厘米、直径 0.5 厘米的小洞，详细地记录了我们幼虫建筑蛹室的整个过程。

这是他给我看的一份记录：**一只幼虫发现了一个土洞，它小心翼翼地在四周巡视了一番，确认没有危险后，慢慢钻入洞中，然后又倒退而出，在洞口爬行检查。这个动作重复了好几次，最后它确定没有危险，这才安然地倒退钻入洞中。在这个洞里，它安静地待了几天，不吃也不动，但我怀疑它一直在用身体将洞的内壁压实以防止塌方。在洞中沉寂了三天的幼虫开始活动了，它在夜晚悄然爬出，用发达的上颚在洞外衔土，然后倒退爬入洞中，在洞周一点一点将自己封闭**

起来。在最后快封闭洞顶的时候，它不再爬出，而在洞的内壁弄下一些土来封顶。我推测幼虫的上颚在夹土的同时，会分泌一些肠液制造类似混凝土的效果，使得蛹洞的顶部更结实，更能抵御掠食者的侵扰。它闭关了，我也只能离开了，过两天再来看它。三天后，我用尖头镊子轻轻地打开了它的蛹洞，它已经一动不动了，像个婴儿般蜷缩在里面。头和尾几乎靠在了一起，呈一个“C”字形。它感觉到了震动，尾部的发光器强烈地亮起，然而身体却是纹丝不动，可能内部在进行剧烈的变化。我屏住呼吸，轻轻地将蛹洞封死，希望没有打扰到它。又过了两天，我再次打开了蛹洞，此时的幼虫已经华丽转身，变得白色玉佛般晶莹剔透。它是那么的美，眼睛变成了大大的复眼，只不过还是半透明的，是个雄蛹。它轻轻地动着腹部，腹部的发光器发着光，透露着不安和焦虑。我将它轻轻地取了出来，放在铺有湿润滤纸的透明玻璃培养皿中仔细观察。为了不打扰它，我关掉了灯，它尾部的两个球形发光器依然发着光，抗议着。突然间整个蛹都发光了，“哇！”我惊叹起来。它全身发出淡淡的黄绿光，比起发光器的光微弱得多。后来发现雌蛹也有同样的现象，甚至快羽化的时候身体没有变黑的地方也能发出光来。从关掉灯到发现蛹全身发光，需要眼睛进行 2 ～ 3 分钟的暗适应。很难想象披着黑色丑陋外衣的幼虫，现在竟然能大放光彩。我不清楚蛹为什么会全身发光，或许是蛹的血液中具有了和发光器同样的发光物质?

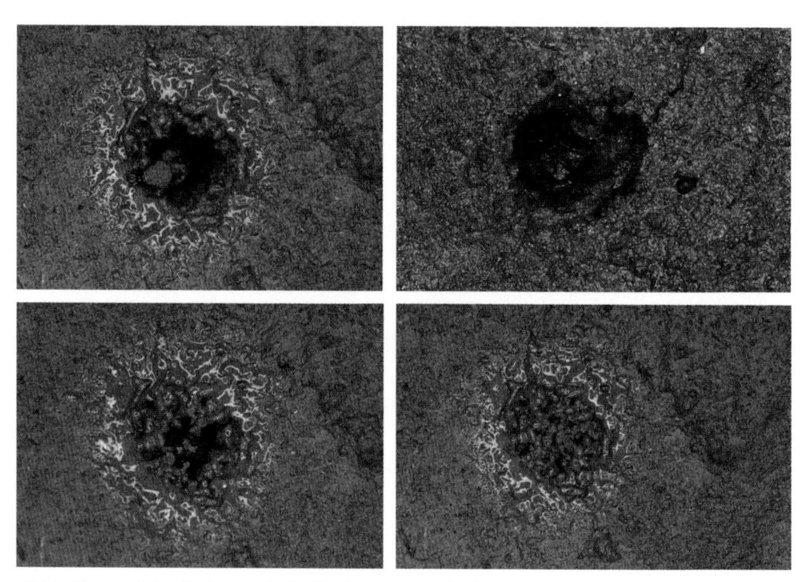

黄缘萤的幼虫是个不错的建筑师——建造了自己的蛹室

还是蛹的脂肪体在发光？我想需要进行细致的生物化学的分析才能揭开这个谜团。

好了，接下来我就讲讲后来的故事吧。就是蛹之后的故事。大概四天后，蛹开始逐渐褐化，原本半透明的鞘翅牙开始变黄，复眼开始变黑，一对膜翅隐藏在鞘翅下面也变黑了，我们快要羽化啦。羽化！你知道是什么意思吧，就是说我们快到成年期啦！我们在蛹的初期阶段仍然保留着一对球形的发光器，一直到成虫羽化后五个小时之内仍然保留着，随时发着光。在蛹发育到第四天，在幼虫发光器所在的腹节及上方的一节开始慢慢变成乳白色，平白无故地多出了一节或两节带状发光器（雄蛹生出两节，雌蛹生出一节发光器）。从第五天开始，我们身上的两个部分，成虫和幼虫的发光器都可以发光，而且彼此协调一致，不会出现东方不亮西方亮的情况，要亮大家一起亮，要熄一起熄，是不是很有趣！只不过到了蛹的后期，成虫发光器会更亮一些，毕竟发光面积比幼虫发光器要大得多。从表面看，我们的蛹发出迷人的光芒，可是谁也无法体会到我们在忍受着人类无法想象的痛苦剧变，因为我们体内开始长成虫的生殖系统，这消耗了我们大量的能量。

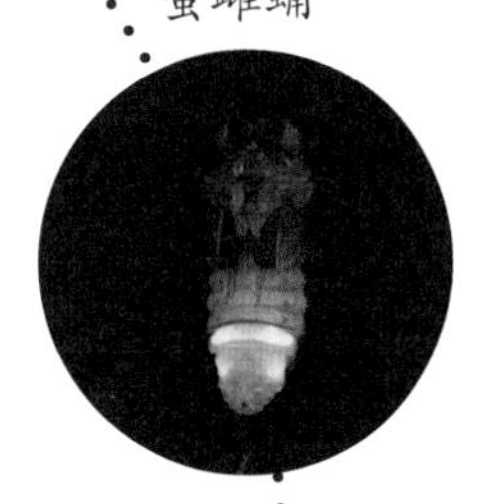

只有一节发光器的黄缘萤雌蛹

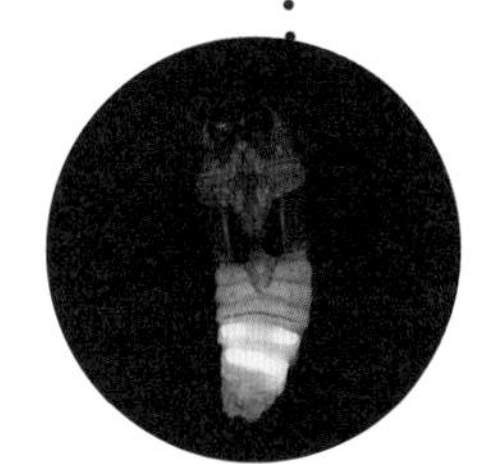

生出两节发光器的黄缘萤雄蛹

我们的成长过程充满了死亡，有一些蛹没有等到飞上蓝天的那一时刻，就被病毒侵染了，全身变黑变柔软，最后不治身亡。我们经常会感叹世事无常，可是又有什么办法呢？成长本身就是一件有风险的事。不过，如果我们能够挺到第八天，我们的蛹就会脱下最后一件衣服，变成黑夜里最美的精灵。但此时的我们还不能立刻飞上蓝天，还需在蛹洞中待上一天，等待鞘翅彻底变硬，硬到足以支撑起我们全部的重量。第九天的夜晚，我们中的男生会比较性急。一般都是他们比女生先顶破蛹室薄薄的那一层泥土，呼吸外界第一口新鲜空气。但男生们暂时还不太适应外界热闹的生活。这会儿，他们会晃

水栖萤火虫羽化

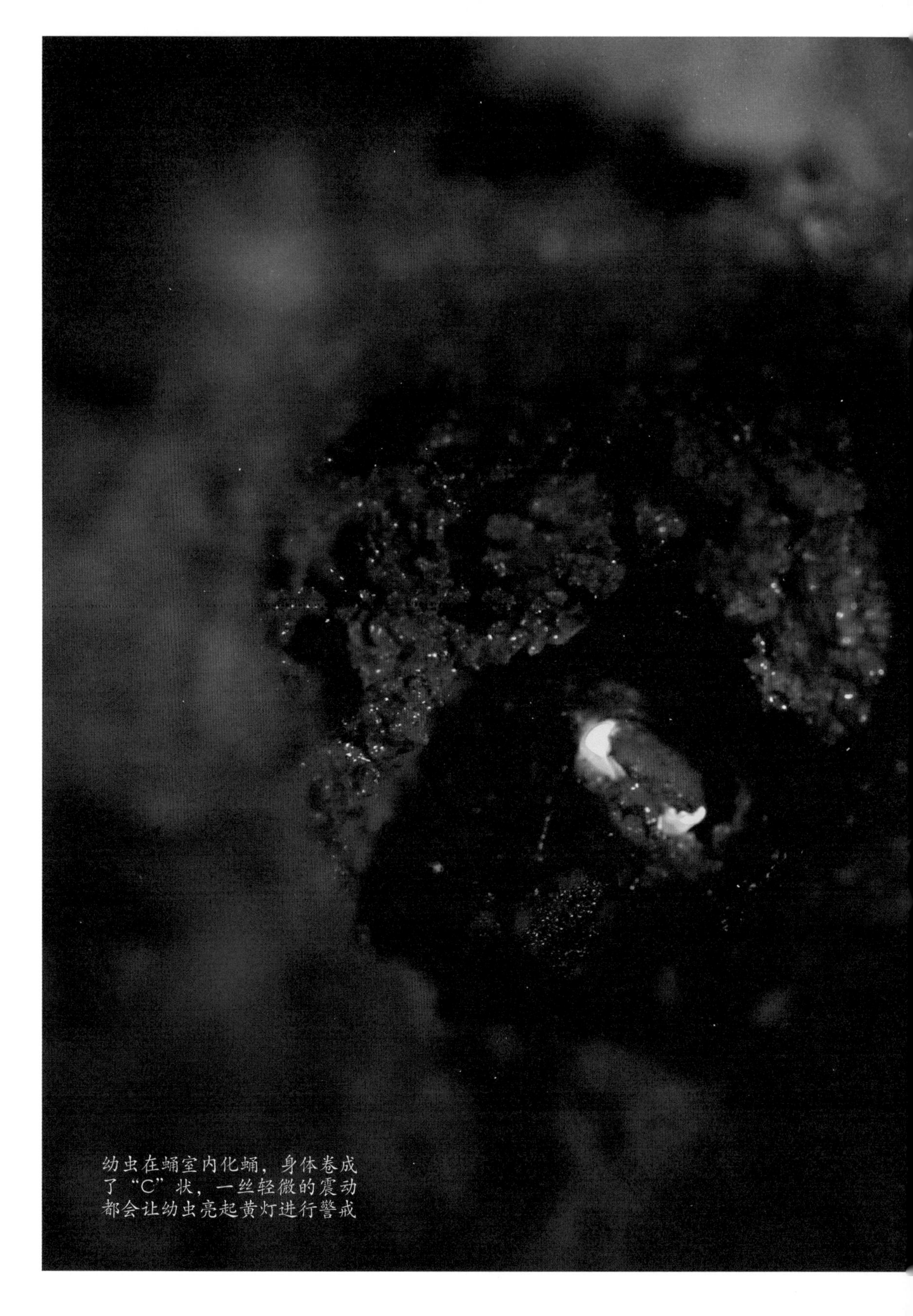

幼虫在蛹室内化蛹，身体卷成了“C”状，一丝轻微的震动都会让幼虫亮起黄灯进行警戒

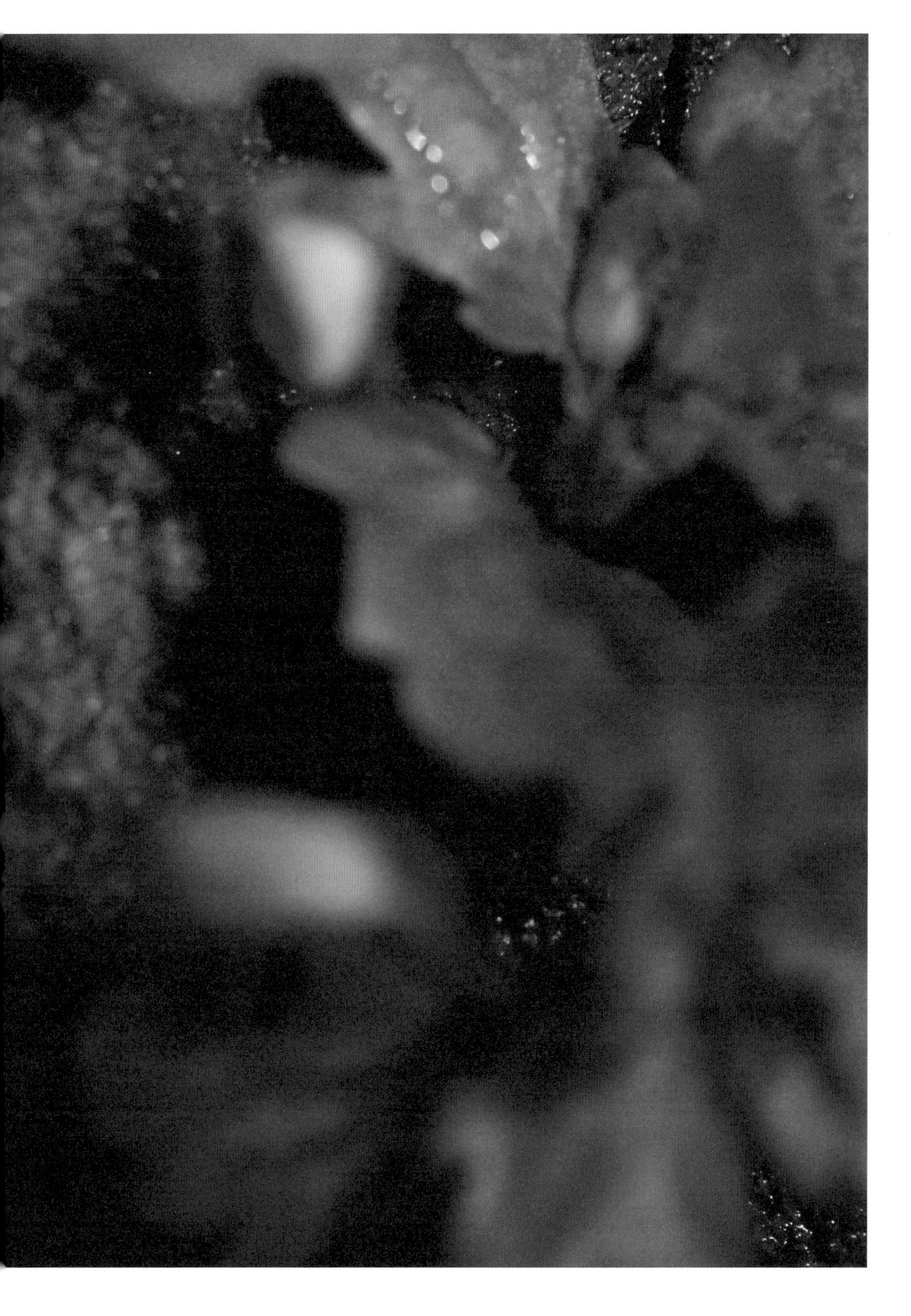

黄缘萤女生：
身份小队长，
一条杠杠

黄缘萤男生：
身份中队长，
两条杠杠

动着脑袋，模样显得有点卡通。他们巨大的复眼几乎占据了整个头部，触角轻轻摇摆着，有点新鲜又有点紧张地感受着这个世界的躁动和美好。为预防不测，他们会赶紧点亮尾灯，急促而又温柔地突然张开鞘翅，快速地拍打着空气。此时，他们下方的世界在向后倒退，变得越来越模糊。他们飞向了暗蓝色的天空，以满天繁星的方式点亮黑夜。

紧接着，女孩们也羽化了。她们害羞地躲藏在草丛中，等待着天黑。太阳披着红色的斗篷慢慢消失在天边，青蛙也开始呱呱叫，微风轻拂着小草。我们的姑娘们抓住了小草的茎秆，尾部稍微卷曲，发光器朝天闪光。黑夜中，到处都有诱惑和陷阱，它们张着黑洞洞的大口，姑娘们只要一不留神就会深陷其中，无法自拔。此时，她们同小伙子们一样，在寻找爱情的途中，不光要躲避空中的威胁——蝙蝠，还要提防隐藏在黑暗之处守株待兔的蜘蛛。

让我来描述一下我们最为畏惧的蜘蛛先生——大腹圆蛛。这家伙我们都称他为“纺织手”，他喜欢在黑暗中布下天罗地网，其成功的秘诀是以不变应万变。大腹圆蛛滚圆肥厚的肚子中有多个纺丝器，可以产生不同的丝，如框架丝、无黏性的放射丝和用于捕获猎物的螺旋丝。利用这些不同的丝，这个家伙能编织出非常美丽的、精致的圆形网。他白天一般用一根粗丝固定在枝条上，躲在附近卷曲的枯叶中，天快黑的时候，他就开始忙碌起来了——他要为他的猎物编织一张死亡之网。我曾经观察过我们这个敌人，他的捕猎方式通常是这样的：天一黑，腹部的纺丝器就开始分泌黏液，这种黏液一遇空气即可凝成很细的丝；细丝随风飘落到树枝或杆状物上，固定后作为一个支点，这是第一步；第二步，他会沿着原点爬到支点，由纺丝器拉出一条直线状的长丝，然后垂直下行，纺丝器带出的另一条丝作为固定圆网框架的另一个支点，形成类似于倒三角形或Y形的支撑架；第三步，在完成支撑框架后，他会爬回到中心继续结网，构筑放射状的骨架丝线（放射丝），用来支撑整个圆网结构；最后一步，在骨架完成后，他会以逆时针的方向织造螺旋状丝线（螺旋丝）。螺旋丝上有水珠似的凸起黏珠，这种黏性物质是用来粘住猎物的——

日落后，雄性黄缘萤开始做起飞前的热身运动

所谓猎物，大多数时候是我们。一旦触网就会被粘住，而且越挣扎就会被捆得越紧。大腹圆蛛是个近乎全盲的胖家伙，然而他在网上行动自如，很奇怪为什么他不会被自己的线绊倒。

我亲眼见过大腹圆蛛的整个捕猎过程，至今回想起来后脊还冒冷汗。有一次，我的一个兄弟急于赶去与他的女友约会，冷不丁撞上了大腹圆蛛偷偷架在他必经之路上的丝网。我兄弟知道情况不妙，但除了挣扎别无办法，结果网越缠越紧，最后他绝望了，只能一动也不动，只是尾部还发着明亮的闪光。他的闪光也没能吓跑那只蜘蛛，躲藏在阴暗处的大腹圆蛛通过网的振动发现了落网的食物，迅速地跑了过去。大腹圆蛛用他多毛的爪子抓住了我兄弟，非常灵巧地用两只前足翻动着我兄弟的身体，同时腹部的纺丝器吐出细细的丝线将这个可怜的家伙包裹了起来。最后只露出我兄弟的一对眼睛。这样残忍的景象每天都在发生。只要我们来到陆地上，就会时刻面临这样的危险。

好了，现在一起到我们的伊甸园看看我们是怎么恋爱的吧。因为这是我们萤火虫生命的高潮。我们过了将近一年的孤苦寂寞的“地下生活”，为的就是这十几天的绚烂。我有一个心上人，我们的相识非常简单。有一天晚上，她在稻田旁边的草丛中，一边观摩着她

蜘蛛捕食萤火虫

大腹圆蛛布下了死亡之网，几个“中队长”在赴“玫瑰之约”途中不幸中招

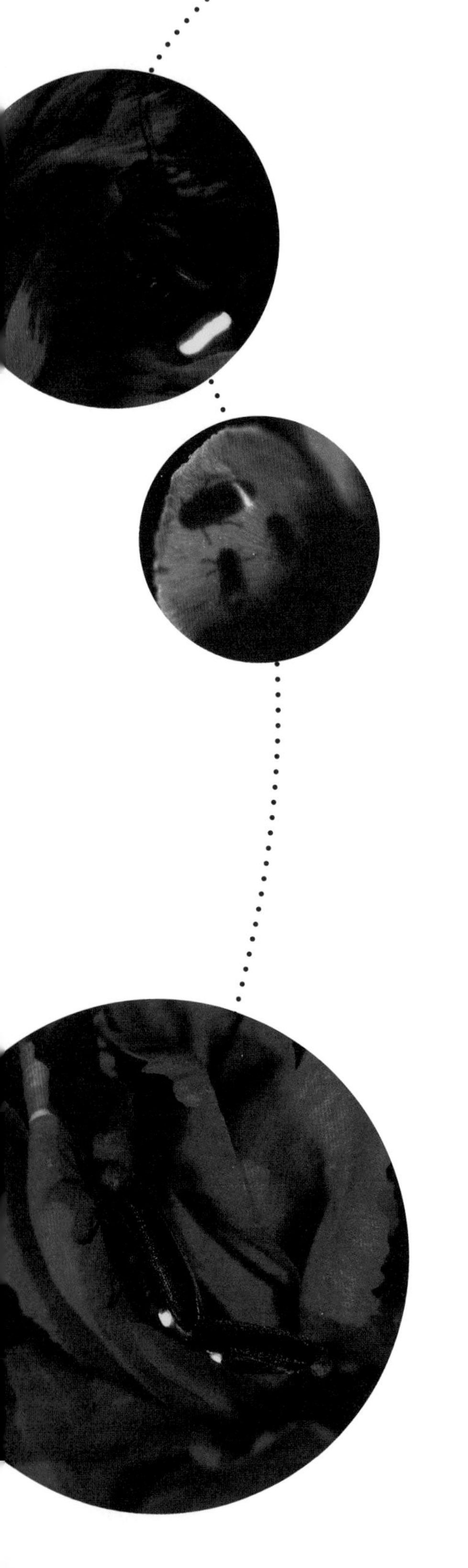

身边众多追求者为获取她的芳心所做的花样百出的表演，一边发出缓慢温柔的闪光脉冲。就在那一刻，我迷上了她。先插一句，我们水萤家族有个规矩，雄萤们不允许像其他生物一样靠大打出手来争夺配偶，我们只能靠自己的闪光节奏来讨好雌萤，而且整个过程要表现得非常绅士。可以这样说，闪光就是我们的绵绵情话，除此之外，我们不允许使用其他的手段。姑娘们选择配偶非常谨慎，甚至可以说得上苛刻。她们一生只能交配一次，所以必须选择基因优良的情郎。男生们则可以多次交配，他们必须努力地竞争以便将自己的基因做最大化的传播。

我看到她回应了我的闪光信号，这种语言只有彼此倾心的人懂。我有点欣喜若狂，看样子她也看上我了。在经过一番交流后，我们决定快速完婚。时间不多了，再过几天，我们的生命就要结束了，特别是对我的心上人来说，她必须得在有生之年把后代生下来。于是，

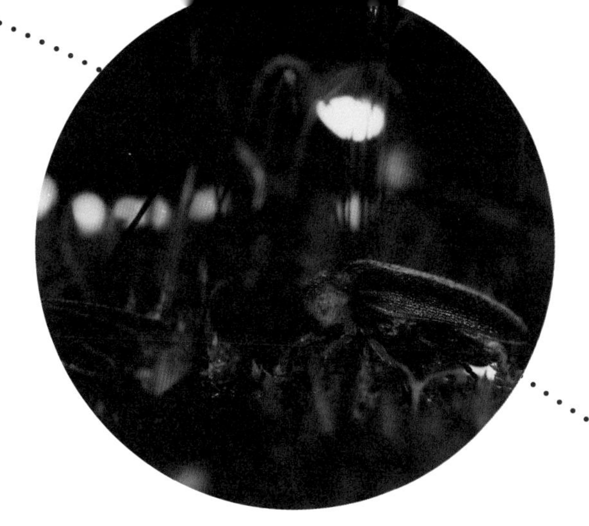

交配完的雌性黄缘萤在专注地产卵

没来得及看自己的宝宝出生，黄缘萤妈妈就撒手而去

在她的示意下，我小心翼翼地从她的左侧爬上了她的背部，用右边的三只脚快速地轻敲着她的鞘翅。看到我们这么快就进入洞房，其他的追求者只好悻悻地飞走了，不过他们并不会因此而受挫，天涯何处无芳草，还有更多的姑娘在远处等着呢。这是一个恋爱的季节，只要坚持下去，几乎所有的小伙子都能找到对象。

虽然写到这里我有点不好意思，但我还是决定把如下的事告诉你，因为新华坚持要我把下面这些事情写出来，他说这是科学。当其他小伙子离开后，我开始耐心地抚摸着我的女朋友，不，这会儿她已是我的新娘了。我的三叉状的生殖器从左侧插入了她伸出的生殖管并牢牢将其锁定。之后，我来了个 180 度的逆时针旋转与她形成了尾对尾的交配姿势。在整个过程中，我都非常专注，很少发光。现在是我们最为迷醉的时刻，但就是在这样的时刻，危险也是无处不在的，所以整个过程我们都进行得很隐秘。但是，请原谅我的薄情，这也是没有办法，交配一结束，我就丢下她飞走了，我要继续去追求另外的异性；而她也还有最重要的任务，那就是必须找到一个靠近水边的潮湿苔藓来产下我们的后代。

她的故事我是后来听说的。在我离开她之后，她给我生下了80~250个后代，也就是80~250粒卵。原谅我没有仔细数，我估计就这么多。但是这个生宝宝的过程非常艰辛，因为她不像黑寡妇蜘蛛和螳螂那样可以吃掉丈夫来获得额外的能量，在短短的12天成虫期，她只补充了一点水分，没吃过任何固体食物，只依靠幼虫阶段积累的脂肪来挺过这几天。当能量完全消耗掉后她就死了，而所有的努力并没有白费，20天后，我们的后代，即一批强壮的新生代出世了。

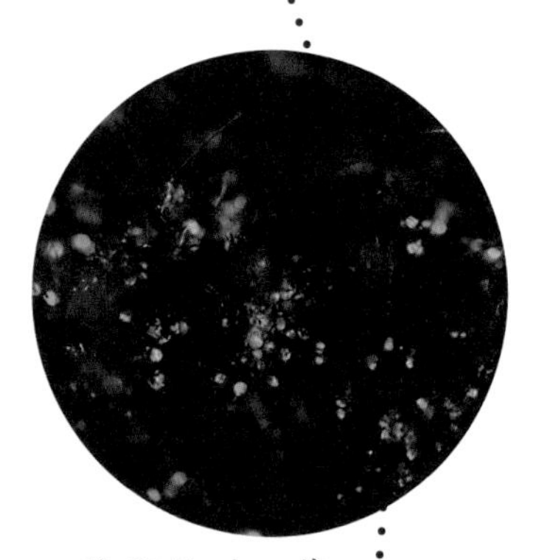

快孵化时，萤火虫卵会发出微弱的荧光

我们的后代刚刚孵化的时候，身长仅2毫米。由于我们都不在他们身边——他们的母亲已经去世了，而我很快也要去世了，我是在生命的最后写的这篇自传——他们只能依靠本能，本能将驱使他们朝着湿润的方向

雌性萤火虫会把卵产在水边的苔藓上

爬去，他们必须在最短的时间内进入水中，否则自身的水分将会被空气迅速榨干。我们当年就是这样过来的。然而能顺利进入水中的幼虫还要面临无数的危险，他们中的大多数将成为掠食者的食物，能顺利地体验完整生命历程的往往不会超过 2%。

生命是这样的脆弱，每走一步都充满着死亡。在我将死的最后一刻，一切都是这样的完美，回忆起我的童年、少年，以及那两周的飞翔生活，有寂寞，有惊险，有甜蜜，有自责，生命是这样的多姿多彩，又是那样的短暂易逝。有千言万语，如今我却只想说一句：我来了，我又去了。

生命就是一场无言的旅行。

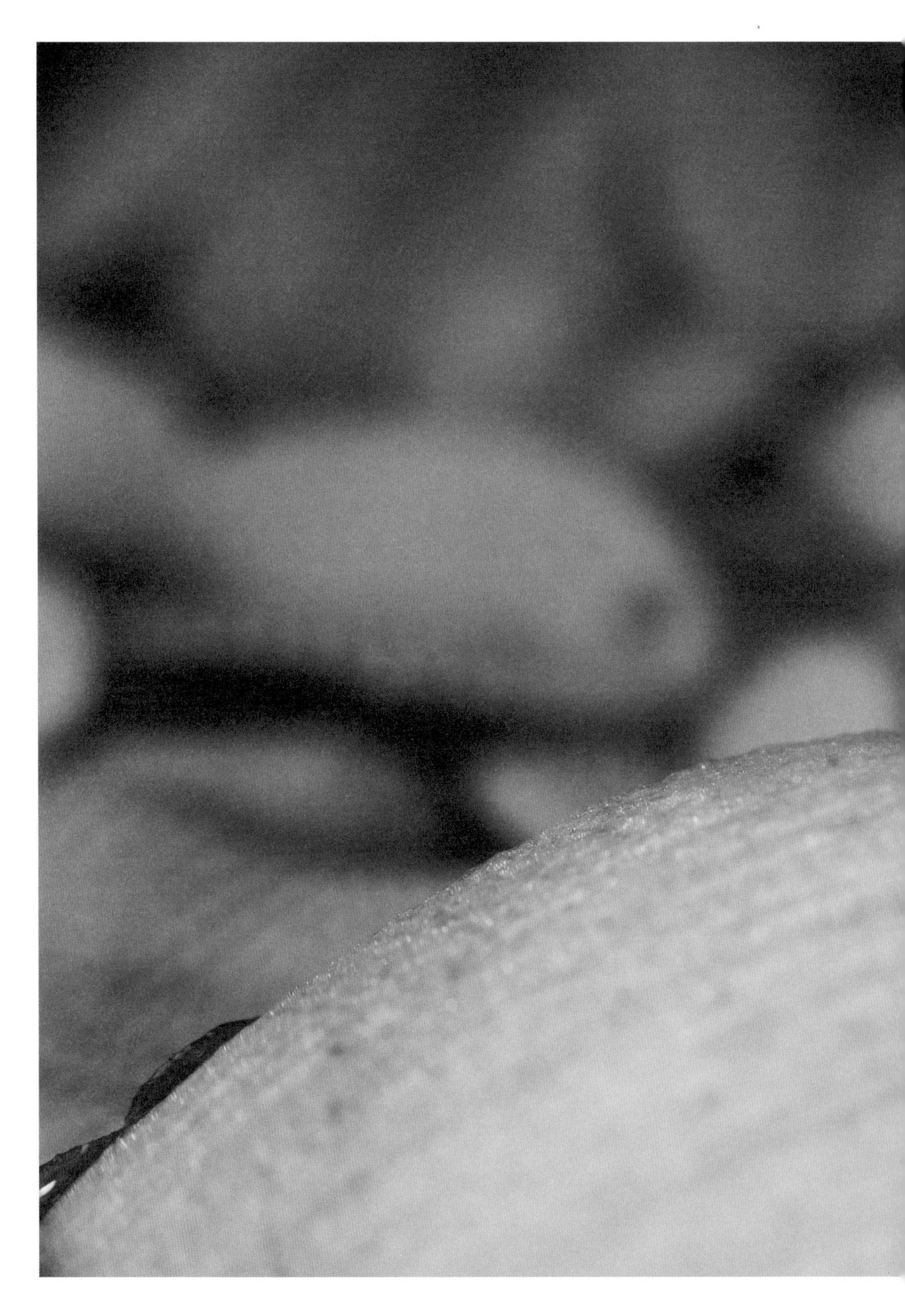

2

会游泳的萤火虫——付氏萤

黄缘萤的故事告一段落了，小新重新拿起了麦克风，环顾了一下四周，跃跃欲试的兄弟们纷纷举手。小新注意到了新华得意的好伙伴——付氏萤，立马一个箭步上前，拍了拍付氏萤的肩膀，说道："兄弟，那就讲一讲你的故事吧！"付氏萤有点喜出望外，小心翼翼地接过了麦克风，缓慢地张开口，将他的故事娓娓道来。

大家好，我叫付氏萤，是一只会游泳的水生萤火虫。我喜欢在湖边或者鱼塘中水草多的地方生活。那是2001年6月的一个晚上，我和我的兄弟姐妹们正在水里找小螺吃，我们朝天亮着我们的"灯"，警告天敌不要尝试吃我们。我找到了一只小螺，不费吹灰之力就抓住了他。正当我大快朵颐之时，一个人过来钓夜鱼，他钓了很久，都没有钓到一条鱼。今天的鱼儿似乎不太傻啊，我吃了一口，自言自语道。今天天气格外热，我的兄弟姐妹们此起彼伏地朝天发光，他们正在热火朝天地找吃的呢。忽然，钓鱼的人好像注意到了我们，朝我们所在的水草这边走过来，蹲在旁边看了好久。不好，我们好像暴露了。

几天后的一个傍晚，来了不少人，其中有那个钓鱼的家伙，还有一个小伙子背着背包，他肩膀上还落着一只萤火虫。不是吧？什么时候萤火虫和人类在一起成为好朋友了？我盯着他们看。不好，那个钓鱼的家伙朝我们的方向指着，向那个小伙子说着什么。不太妙，我心想。我小声叮嘱我的同伴，暂时不要发光，等这帮人类走了再“亮灯”。他们绕着鱼塘转了好几圈，水挺深的，他们下不来。哈哈，看把他们急的。

等了一会儿，钓鱼的那个脸色黝黑的家伙又走了回来。

付氏萤的幼虫在水面上仰泳，不时朝天发出缓慢的光

付氏萤仰泳

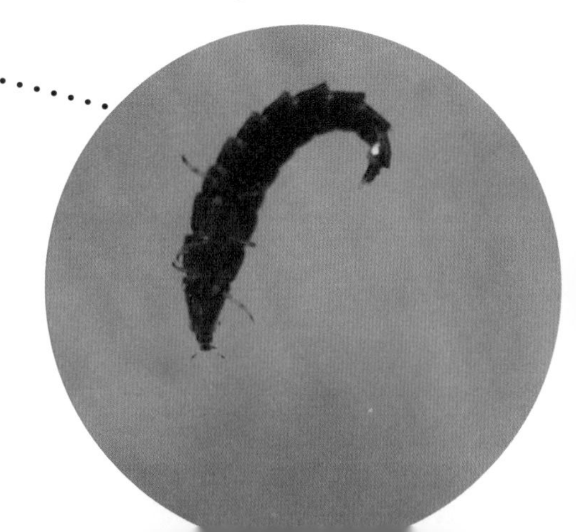

不是吧，穿上下水衣了，大事不好。穿下水衣的家伙进入水中，慢慢朝我们走来。兄弟姐妹们，千万要忍住，不要发光被人发现了。大家都缓缓地点头，灭灯。岸上的人都关掉了手电，静静凝视着我们所在的水面。那人穿着下水衣在我们附近找来找去，就是找不到我们，他快要放弃了。突然，一个兄弟的“灯”亮了起来。“抱歉，拉了一泡屎，没忍住！”那个兄弟低头说。就在这时，我们所在的那片水草被统统捞了起来，放到了岸上。那个小伙子打开手电，用手激动地在水草中扒拉着，然后又关掉手电，认真地看。我的那帮兄弟姐妹没忍住，都开始发光了，结果被一一捉了起来。其间，那只停在小伙子肩膀上的萤火虫，还亮着灯飞到我的眼前，好亮，晃眼睛。就这样，我们被统统装到一个个盒子里，放进背包带走了。

我们很快就被倒入了一个方形的鱼缸中，缸的底部还铺了一层薄薄的沙子，鱼缸里有着完善的水过滤系统，里面还有我们经常生活在一起的水草，挺舒服的。晚上，我们继续发着光，探索着这个新地方。突然，鱼缸上方飞来那只亮亮的萤火虫，他盯着我们，好像看着外星人一样。“没有见过萤火虫吗？”我没好气地问他。“见过，但是没有见过你们这样的。”他继续盯着我们。我翻了个身，潜到水底。接下来几天，白天那个小伙子就隔着鱼缸的玻璃来观察我们，晚上就是那只萤火虫来跟我打探消息。就这样，我和兄弟姐妹们暂时在这个人类的鱼缸中定居下来，也和那只黑黑的会飞的萤火虫交了朋友。原来，他有个好听的名字叫作“小新”。小新的人类朋友叫作新华，是一个研究萤火虫的博士。我是谁？我的名字叫什么呢？

我邀请“小新”来我们的新家玩，可是他怕水，不敢下来。我们的幼虫深褐色，身体扁平，大多数在水面上游泳，肚子朝天，六条小腿不停地向后拨水，尾部一上一下拍水，非常像人类的仰泳。虽然我们很努力地游着，但是我们的确游得很慢，1 分钟还没有游到 5 厘米。小新说我们是“仰泳笨将”。我们才不是呢，我们的本领他还没有见识到呢。

新华从未看到昆虫可以这样进行仰泳，所以决定细致地观察和研究我们一番。他准备了一个大型的培养皿，底部铺上沙子，装满水，将 10 条幼虫放了进去。然后，借来了一台摄像机，从上往下拍摄我们的游泳行为。接连拍了好几天。最后，他将这些录像导入了电脑，利用播放软件的慢放和单帧播放功能，仔细观察我们的游泳行为。过了几天，小新飞来告诉我们新华的研究结果。

结果令人惊奇，我们的仰泳行为非常复杂，不亚于人类发明的各种游泳姿势。由于我们比人类多出了两条腿，所以游泳的时候，这六条腿的协调划动是非常有趣的。在调查了 2341 个幼虫的足的变化姿势之后，新华发现四条腿同时往后划水（SA）和四条腿同时伸展到前方的姿势（SB）所占的比例最大，几乎各占四分之一。我们最常用的仰泳姿势就是

付氏萤的幼虫在水底潜行

付氏萤幼虫在水面上仰泳的速度慢极了

SA-SB-SA。我们足的摆动频率基本一致，大约为 0.6 秒摆动一次，尾部上下拍水的频率为每次 1.8 秒——不好意思，是有点慢啊。

不过我们最擅长的并不是仰泳，而是潜水。人类在我们面前谈潜水，简直是小儿科。我们可以在水底潜行两个多小时。小新说新华查了一下资料，确认了人类最长的在水下憋气的纪录：2012 年，丹麦奥尔堡的瑟沃 · 林森，在水下没有氧气提供的情况下，由身为医师的哥哥随行陪伴，创造了在水下憋气 22 分 22 秒的纪录。为了保存宝贵的氧气，池中的水温特地调为 30℃，也只有在这样的情况下才能把心率降低到每分钟仅 30 次。小新说，他是陆生萤火虫，从来不去水里，我们的潜水本领，还是值得他佩服的。哈哈，我们潜水是为了在水中或者水底找寻小螺。在水中不太容易捕捉他们，需要很

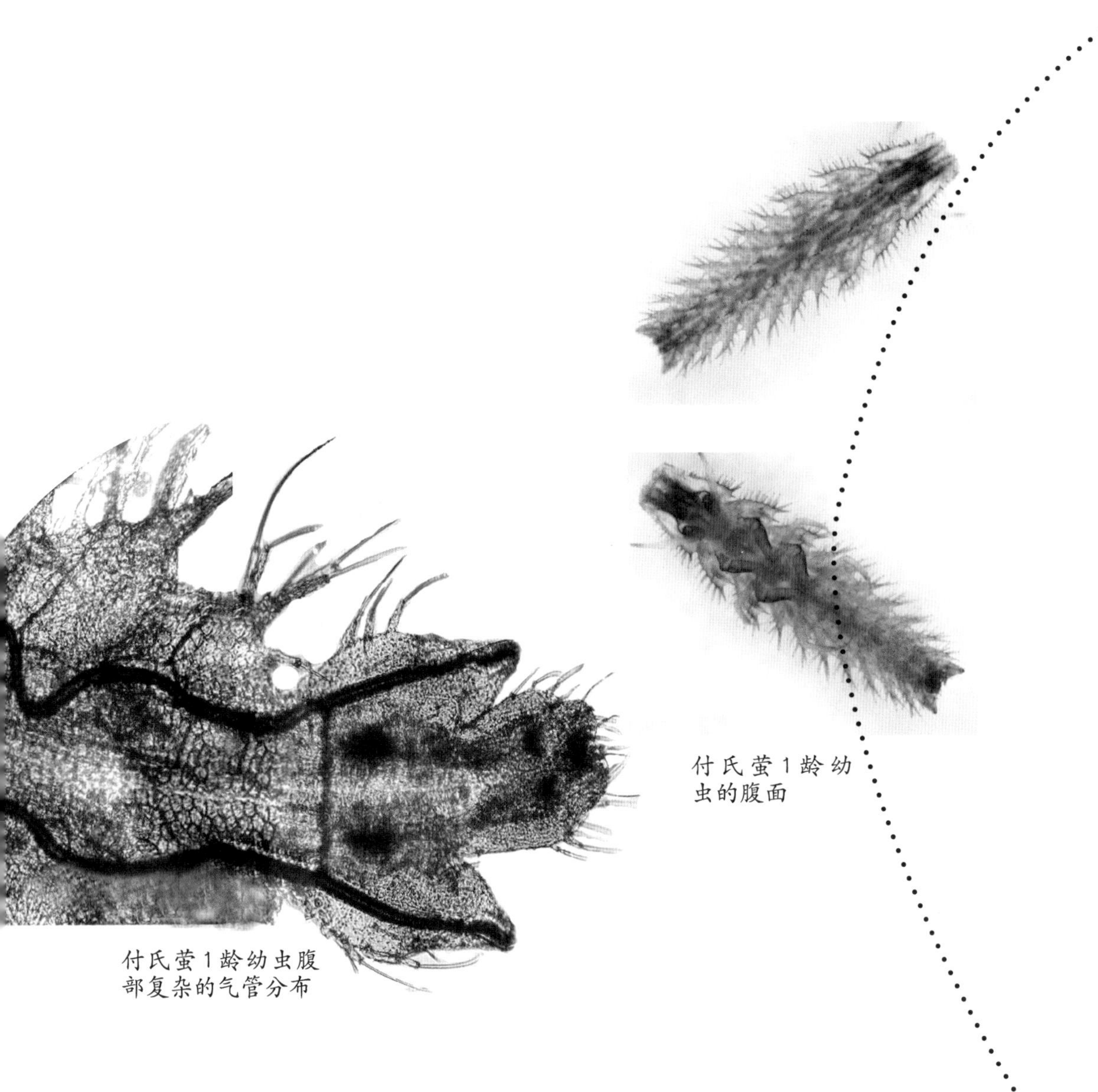
付氏萤1龄幼虫的腹面

付氏萤1龄幼虫腹部复杂的气管分布

长时间才能抓住。长期以来，我们就具备这种超长的潜水能力。

新华捉了我们的一个兄弟，借助扫描电镜等设备，对幼虫进行微观观察。虫固有一死，有的轻于鸿毛，有的重于泰山。小新飞来告诉我，令新华印象深刻的是，我们的幼虫除了每节腹部都有一对小型气门外，尾部最末一节还有一对非常巨大的气门。我们的足是扁平的，类似于划船的桨。那只壮烈牺牲的兄弟的腹部被切开了，用来观察气管系统。

我们的身体两侧各有两条非常粗大的气管，显而易见可以储存大量的空气。气管对称地排列在身体两侧，从尾部一直延伸到头部。这些气管差不多占据了身体的一半。银白色的气管，在灯光的照耀下亮闪闪的。我们的腹部和尾部有非常发达的气门，当我们在水面上仰泳的时候，就呼吸空气中的氧气，当我们潜水的时候，就把气门关闭。粗大且发达的气管系统可以储存充足的氧气，支撑着我们在水中长时间潜水。当氧气快消耗完时，我们可以轻松地爬到或者上浮水面，再次打开气门，尤其是尾部那对最大的气门，快速地进行换气和储备氧气。气门和鱼的鱼鳔作用不同，鱼鳔主要储存二氧化碳、氧气和氮气，通过血液往鱼鳔中缓慢增加部分气体，让鱼缓慢上浮，通过嘴或者肠道快速地排出鱼鳔中的部分气体而迅速下潜。

我们平常不是吃，就是睡。我们可以在水面上捕食淡水

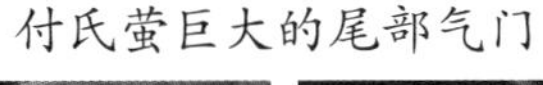
付氏萤巨大的尾部气门

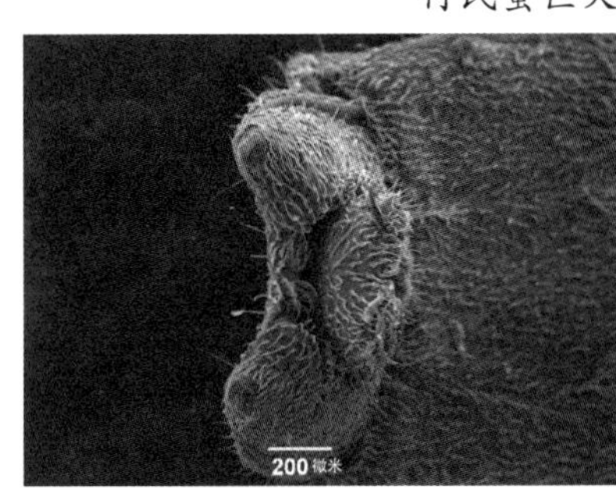

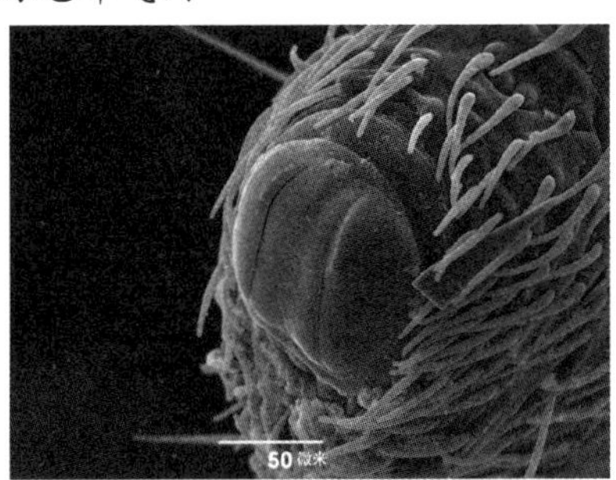

小螺，也可以潜水捕食水底爬行的小螺。我们扁平的身体一卷，就可以包围整只小螺，让小螺无处可逃。几个小时后，小螺空了，只剩下螺壳。不过淡水小螺还是在数量上远远超过我们。过了一个多月，我们被捞了起来，重新放回了鱼塘。哈哈，我们自由了。小新说，新华正在集中精力研究另外一种水萤——雷氏萤。哈，好吧。

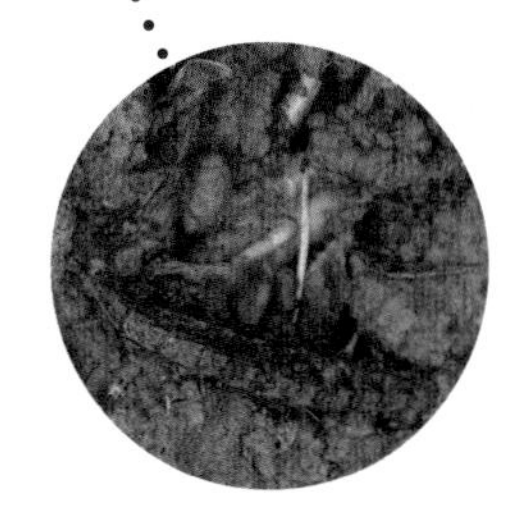

老熟的付氏萤幼虫上岸，准备化蛹

7月，我们吃得差不多了。成熟的幼虫会爬上岸，打着灯寻找一个合适的土缝，然后钻进去开始化蛹。一周后，我们破土而出，纷纷变成了敏捷善飞的成虫。我们在湖边飞来飞去。有时候几个哥们带灯排成一行，首尾相连地低空掠过湖面，消失在天边。我有一天发现几个兄弟会因为闪光的杂乱纷扰而弄错性别：在一根小草的顶梢，几个爷们儿紧紧地抱在一起，全然不顾旁边不远处一个含情脉脉闪光的妹子，真是昏了头。

草丛中，有的在爬来爬去，有的已经成功地在交配了。有的妹子停在浮萍上，用足紧紧抓住浮萍的边缘，尾巴泡在水中，一点一点——她在产卵，她将卵产在浮萍或者浸没在水中的叶片背面，这样天敌就很难发现这些卵。聪明的办法！一周后，卵就孵化了。刚孵化出来的小家伙长得毛茸茸的。他

成年后的付氏萤

一节发光器

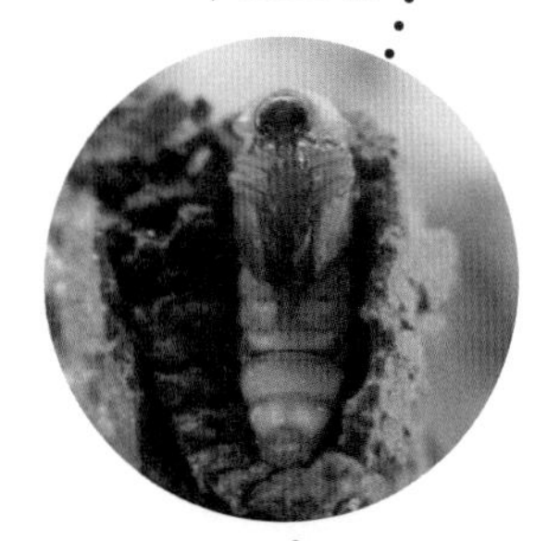

付氏萤雄蛹：两节发光器

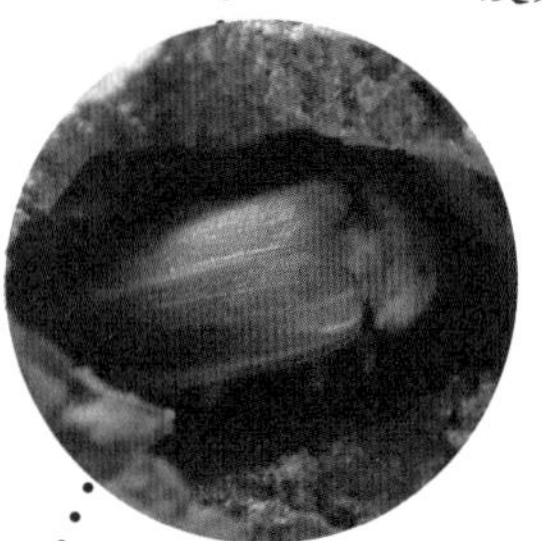

在蛹洞中刚羽化的成虫

们小小的，接近透明，身体周围有很多毛，这些毛可以帮助他们在水中呼吸。他们的尾部也有一对大大的气门，也可以在空气中呼吸。这些小家伙们也可以仰泳和潜水。他们蜕过两次皮后，身体颜色变得更褐了，而身体上的呼吸毛都不见了，平时可以爬到水草上，用气门呼吸。

我在湖边找草丛中闪光的妹子时，不小心撞到一张网上，我拼命地挣扎。蜘蛛迅速爬过来，想吐丝缠绕我。我用力憋了一下身体，手上分泌出了一滴晶莹透亮的“萤火虫牛奶”，朝蜘蛛的脸上抹去。哈哈，糊了他一脸和一手。这只蜘蛛不停地往返于我和网的边缘，还不停地搓“手”，一直持续了很久。他中了我的“阴招”。我们的胸部和手都非常敏感，六个手都能分泌这种难闻的“牛奶”般的血液，这是我们的独家杀手锏——“反射性出血”的防卫行为。“萤火虫牛奶”中有让蜘蛛或者蚂蚁感觉到特别恶心和难受的化合物。如果飞行的捕食者误食了我们，可能会引起呕吐或者死亡，吃了苦头的捕食者可能会回想起这难吃的家伙还发着光，于是乎一看到空中或者草丛里发光的我们就会躲避。

可是为什么我们的血液可以汇集成一滴圆球形，附着在我们的手（足的跗节）上而不快速掉落呢？因为我们的足具有某种特殊的结构，可以让我们像鱼塘中的一种昆虫黾蝽一样在水面上行走，如履平地。我们甚至可以翅膀一张，瞬间从水面上起飞，不需要在水面上滑行。我们是怎么做到的？好吧，那就告诉你们吧。首先，我们的三对足都站在了水面上，就像你们人类站在蹦床上，虽然脚已经下陷，但是还是能行动自如。然后我们慢慢地张开了鞘翅，将一对膜状的后翅完全伸展开来。接下来，第一对足慢慢抬离水面，这时候尾部戳进水里，身体向后倾斜；第二对足也迅速抬离水面，只剩下第三对足和尾巴支撑在水面上，这时身体和水面呈 30 度角；膜翅快速振动，迅速飞离水面，没有进行任何的水面滑行。如果你们人类的水上飞机能学会这个本领，就可以在任何水面进行瞬间起飞，不需要长距离的滑行。

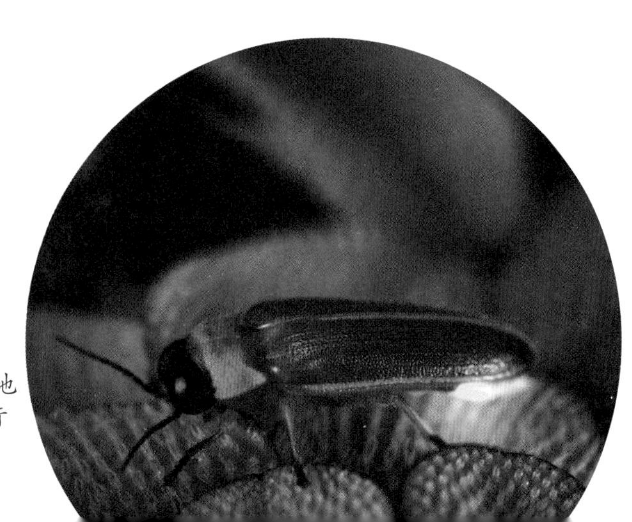

付氏萤能如履平地般地在水面上滑行

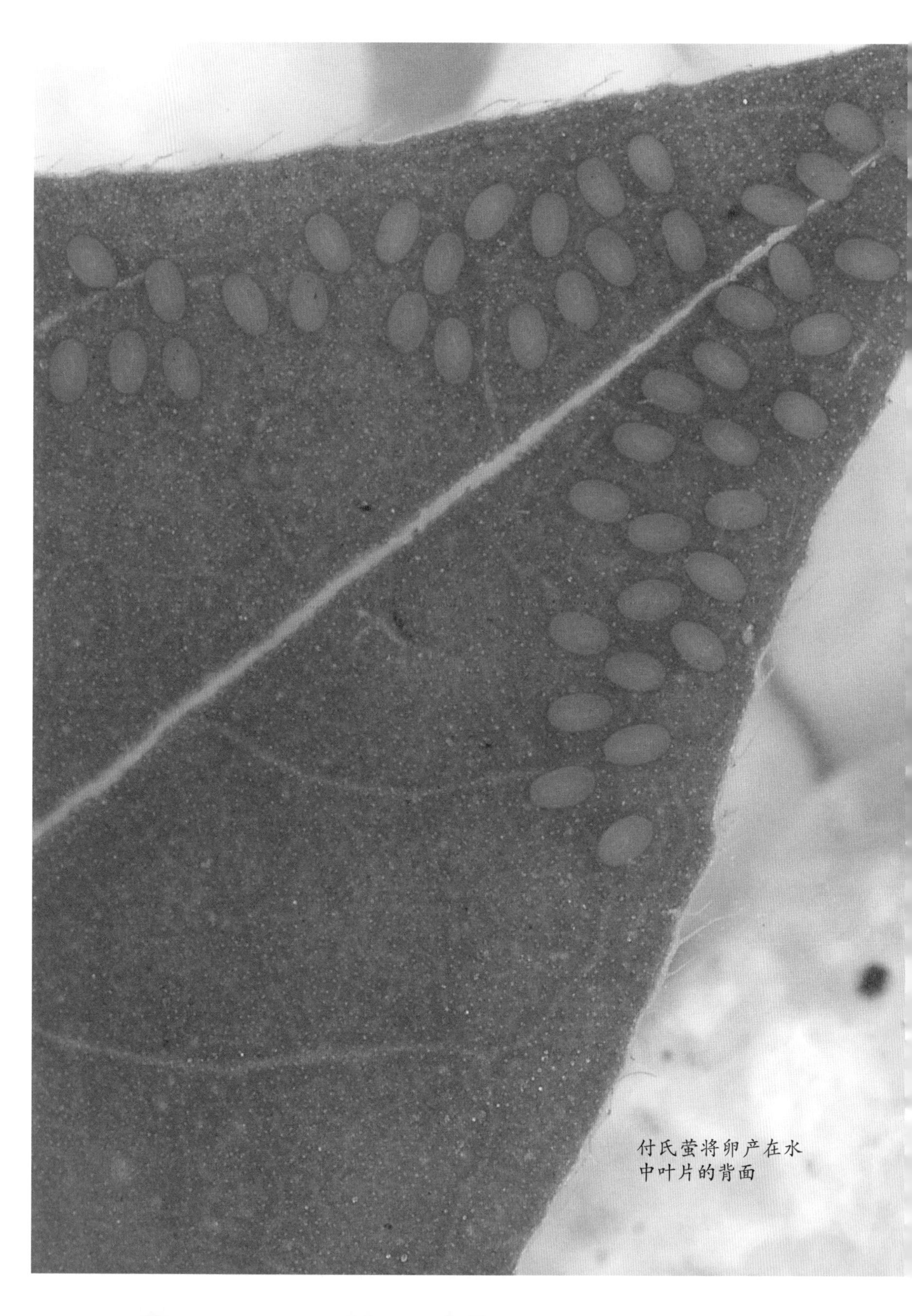

付氏萤将卵产在水
中叶片的背面

付氏萤足的跗节上的毛，像一把“牙刷”，又像很多把“勺子”

小新告诉我，新华用扫描电镜对我们进行观察，发现我们足的跗节上长着非常致密的毛，像一把精致“牙刷”上的软毛。再放大后，发现这些毛其实更像一把把的“勺子”，末端扁平。就是这些“牙刷”和“勺子”的结构，让我们可以将难闻的血液汇聚成一颗威力巨大的球形“手雷”，随时塞入天敌的嘴巴里，也能让我们游刃有余地降落在水面上以及瞬间从水上起飞。

老实说，认识萤火虫小新和研究萤火虫的新华后，我开始思考一些简单的问题：我是谁？我从哪里来？我将到哪里去？老实说，我思考了 5 分钟后，就把这些问题扔到水里了。小螺是我们的最爱，找吃的去喽！

有一天，小新飞来告诉我，我有名字了，我叫付氏萤，并告诉我这个名字的故事。原来从新华开始研究萤火虫，如

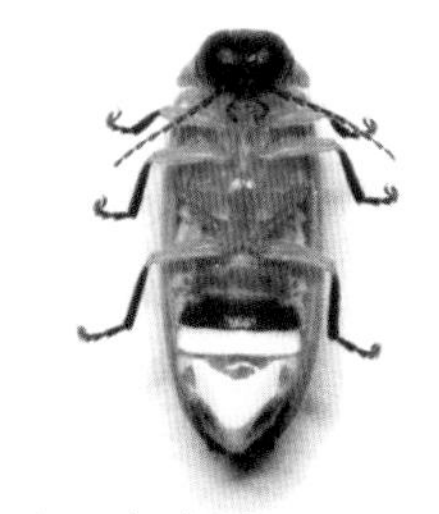

雄性条背萤的腹面

雄性条背萤的背面

雌性条背萤的腹面

雌性条背萤的背面

何给萤火虫命名是一件让他非常头疼的事情。因为萤火虫的分类研究几乎无人从事，也不知道中国有多少种萤火虫，清朝末年西方的一些博物学家来中国采集了一些萤火虫并进行了命名，模式标本也放在了大英博物馆或者法国博物馆，这些模式标本要么很难接触到，要么也已经遗失。虽然很难给萤火虫一个正确的名字，但也总不能一直以“未知萤”来称呼吧。

新华一直在操心我这种可以仰泳的萤火虫种名的问题。后来他无意间查到台湾的一篇文献，里面也提到一种可以仰泳的萤火虫，叫作条背萤，形态、生活习性和我几乎一模一样。再后来新华和小新去海南岛及咸宁通山县研究萤火虫的时候，竟然也在稻田中发现了一种很像我的萤火虫，也会仰泳。居然和我很像！真是李逵遇到李鬼了。新华通过仔细观察和研究，发现我和在稻田生存的“仿真兄弟”有很多不同：“仿真兄弟”喜欢在稻田中生活，而我喜欢在湖泊中

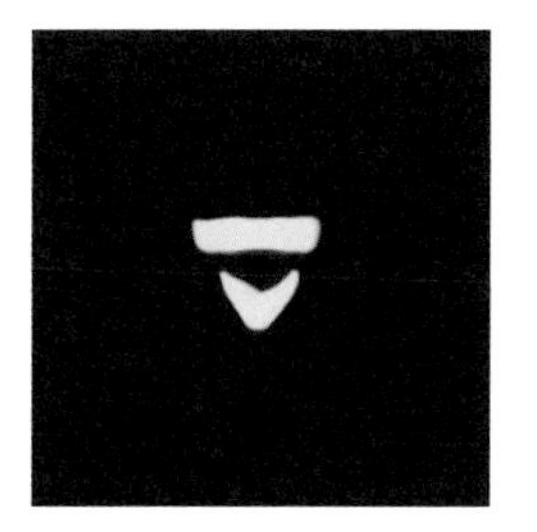
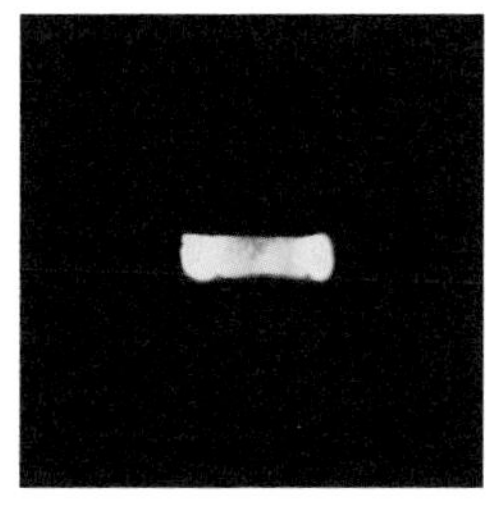

雄性（左）、雌性（右）条背萤发光器的形状

条背萤的幼虫

生活;“仿真兄弟”发出的光是绿色的,而我发出的光是黄色的。

新华的澳大利亚朋友（国际萤火虫分类排名第一的专家）觉得很有必要进行学术澄清，于是在 2016 年撰写了一篇论文，将我们所有的仰泳萤都划分到一个新确立的新属仰泳萤，我的“仿真兄弟”被鉴定为条背萤，我是最先被新华在武汉发现和研究的，为了纪念新华对我的发现和研究，所以我被命名为付氏萤（“付”是新华的姓氏）。真假萤火虫“李逵”终于水落石出了，也正式宣告中国又多了一种新的水栖萤火虫。

我终于有名字了，而且是以新华的姓氏命名的呢！我带着一丝丝的骄傲，很开心能为新华的研究做出一份贡献。

附录

我 们 家 族 的 写 真 集

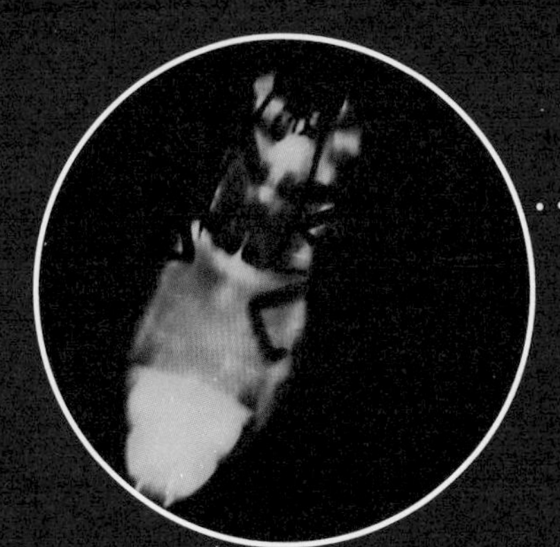

刚羽化出来的边褐端黑萤全身都发出淡淡的荧光

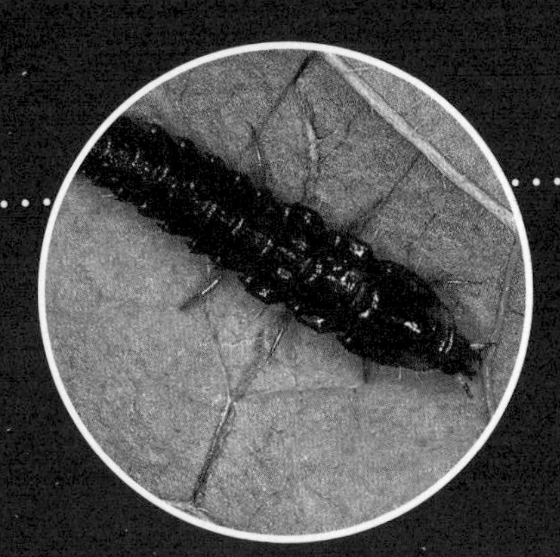

即将发育成熟的幼虫

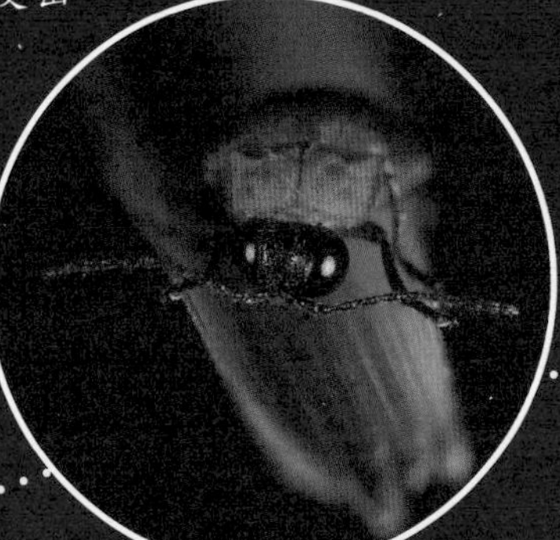

雄萤在草尖上下爬动

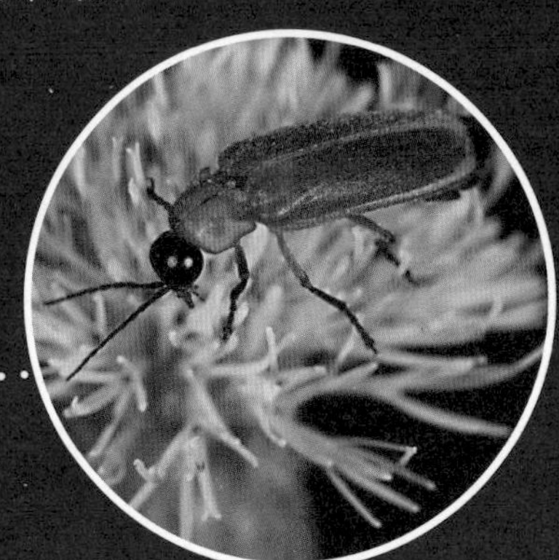

雄萤在空中飞累了，停下来歇歇脚

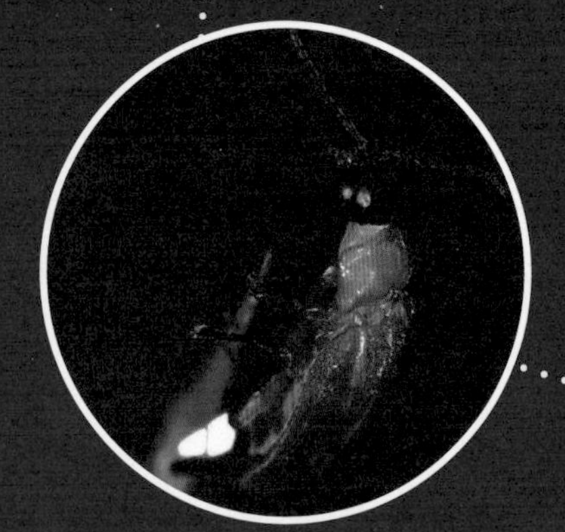

寻找伴侣的雄萤

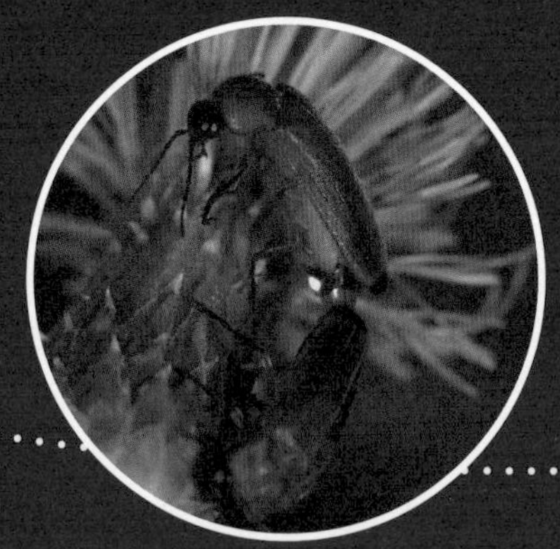

虫生的美好时光

边褐端黑萤

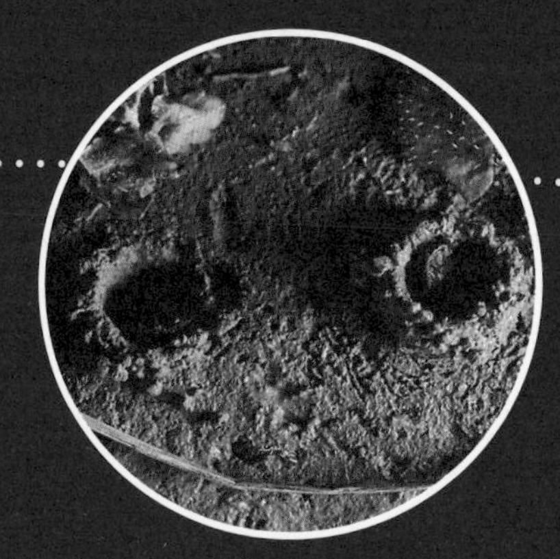

幼虫正在勤勤恳恳地做蛹室

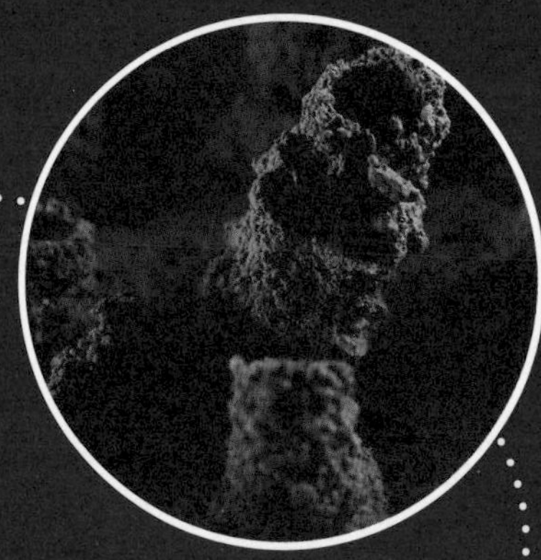

已经做好的蛹室
就像金字塔一样

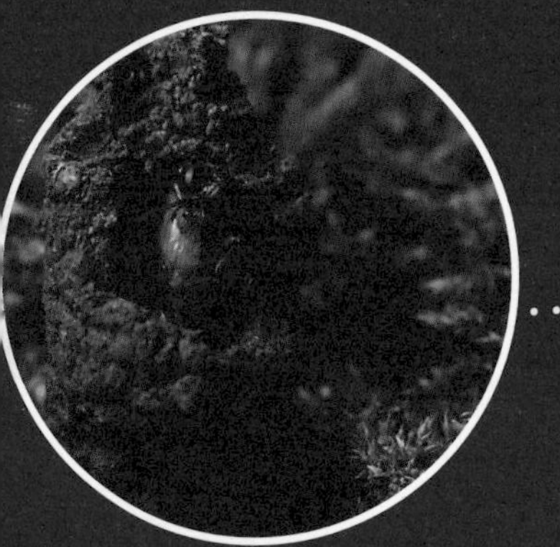

刚刚从蛹室内孵化
成功的雄萤

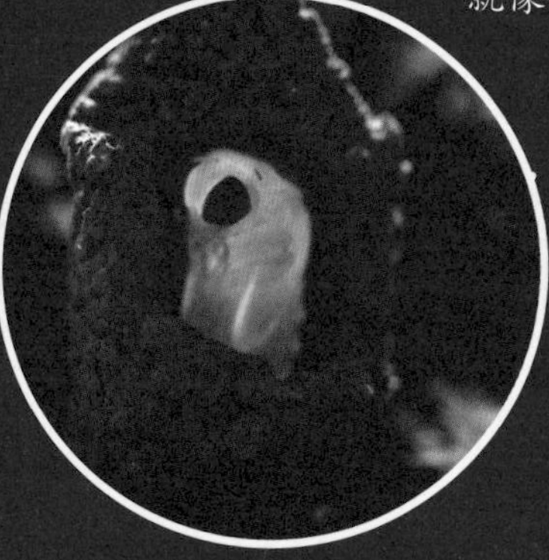

蛹室内的蛹要大变身了，
全身发出淡淡的荧光

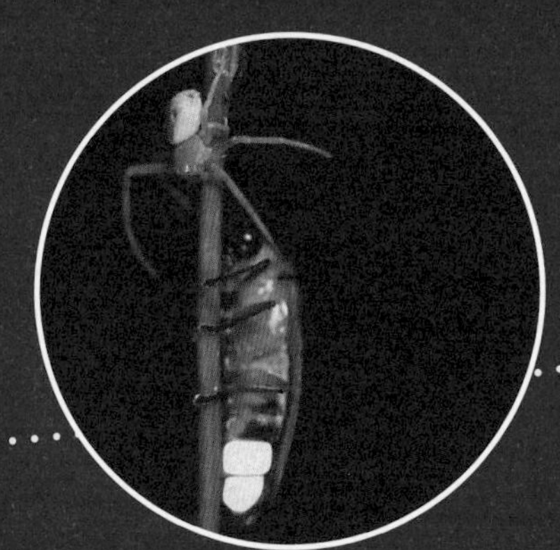

没盼到爱人，
敌人却在逼近

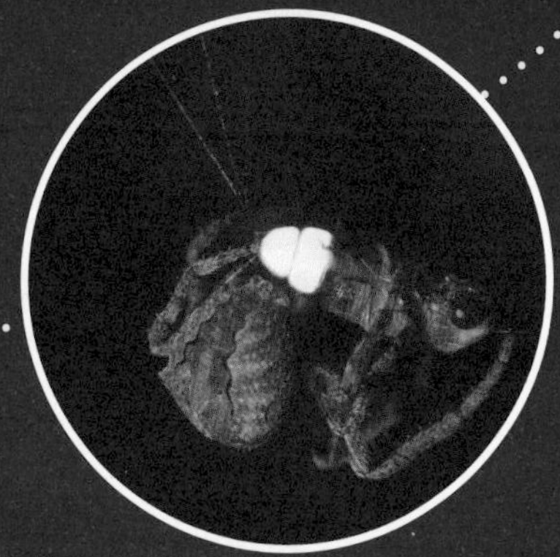

雄萤被大腹圆蛛捕获，大腹圆蛛用
足将雄萤不停翻转缠丝，可怜的萤
火虫发出明亮的光，却无法挣脱

扁萤

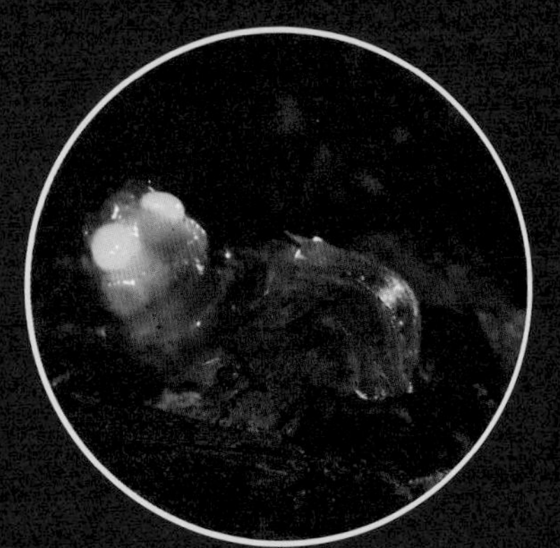

雌萤是没有翅膀的，夜晚点上两盏小灯来寻求爱情

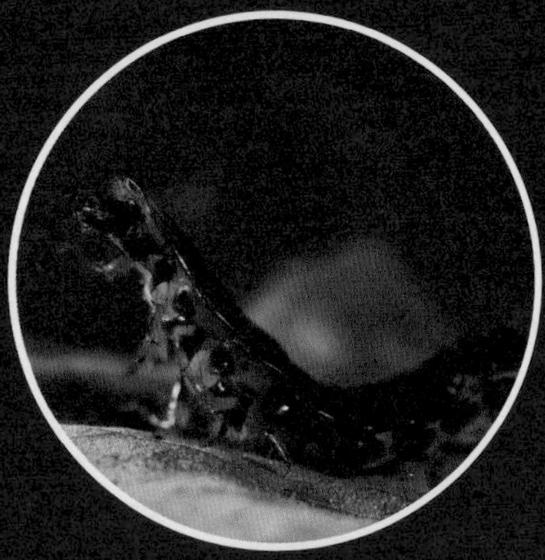

幼虫是萤中的“霸王龙”

雄性成虫的发光器不发达

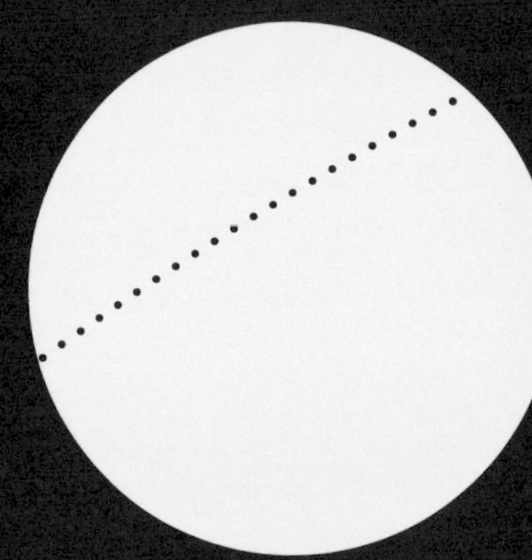

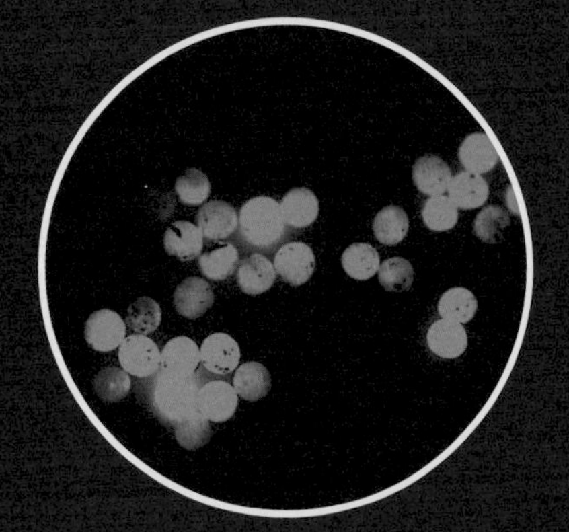

卵在黑夜中发光，宛如粒粒夜明珠

大端黑萤

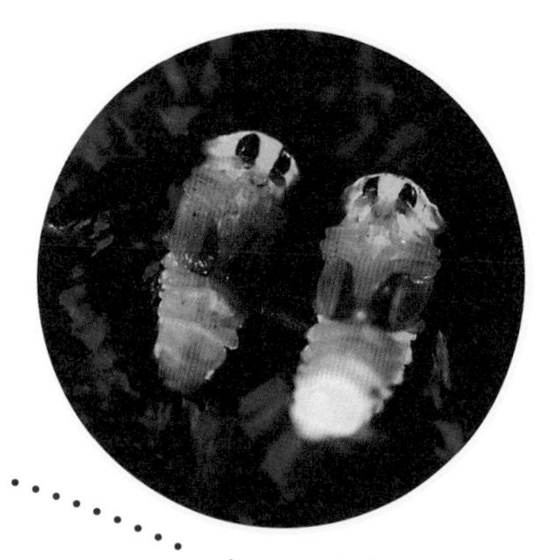

可爱的蛹宝宝，
雄蛹的复眼要比
雌蛹的大很多

身着黑色“铠
甲”的幼虫

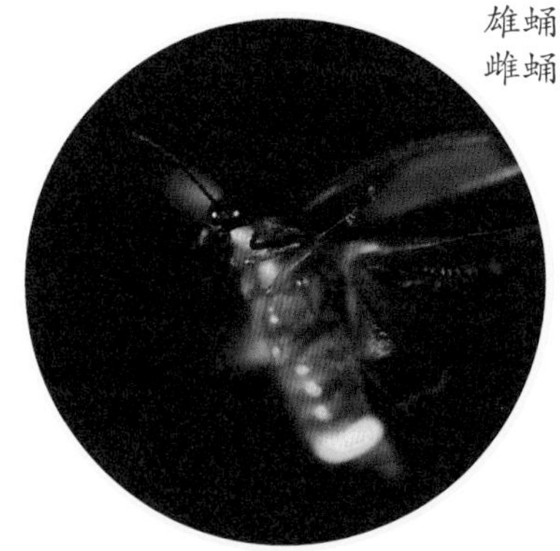

雌萤可以飞到很
远的地方去产卵

雄萤在草上寻求伴侣

端黑萤

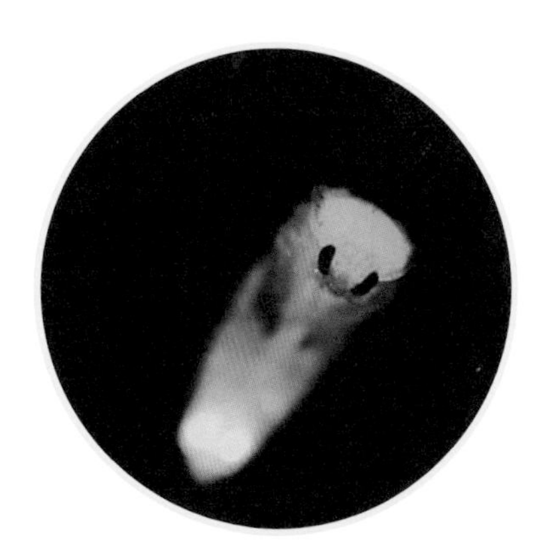

全身发光的雌蛹

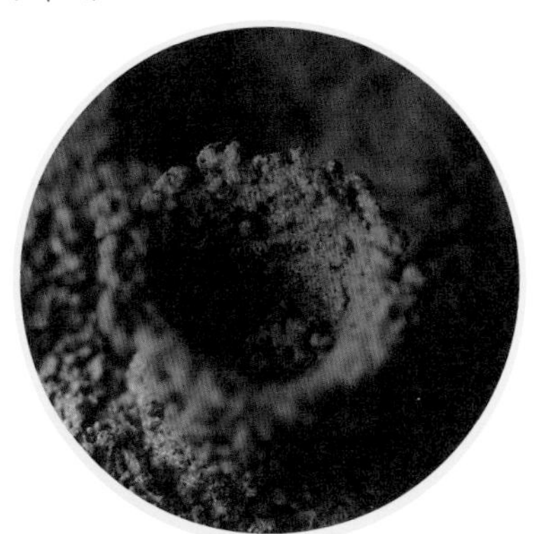

小喇叭似的蛹室

身披黑衣的成熟幼虫，
外壳坚硬得像盔甲

长有硕大复眼的雄萤

多光点萤

正在将发光器朝天
亮起的雌萤

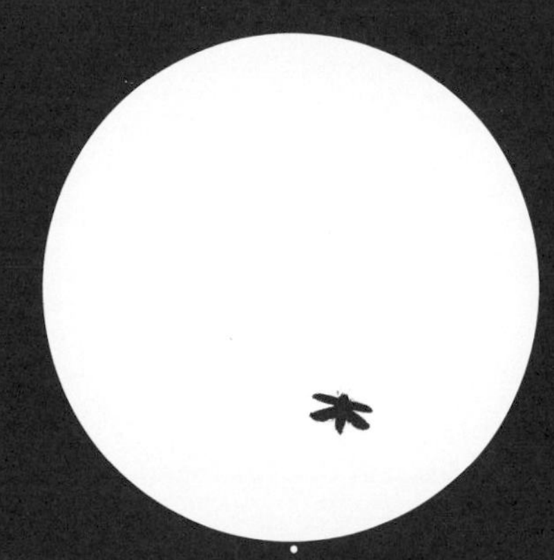

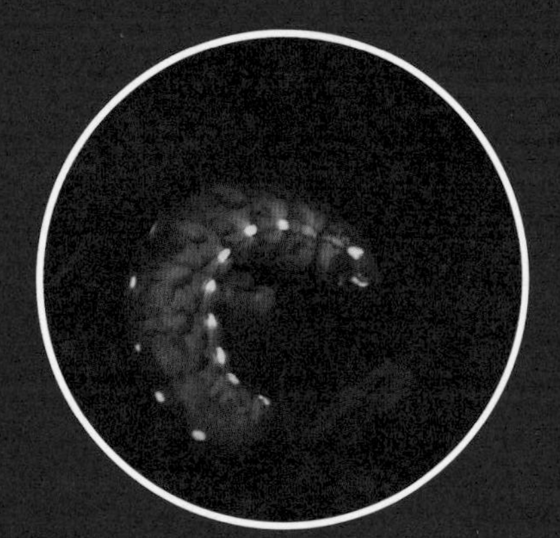

雌萤将身体蜷曲环抱着
卵，开启身上三排小型
发光器（32 个之多），
进行警戒护卵

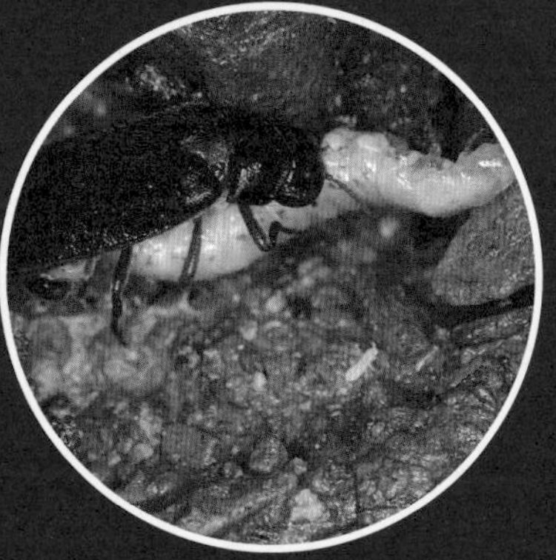

雄萤被雌萤硕大的发
光器吸引，飞过来请
求交配

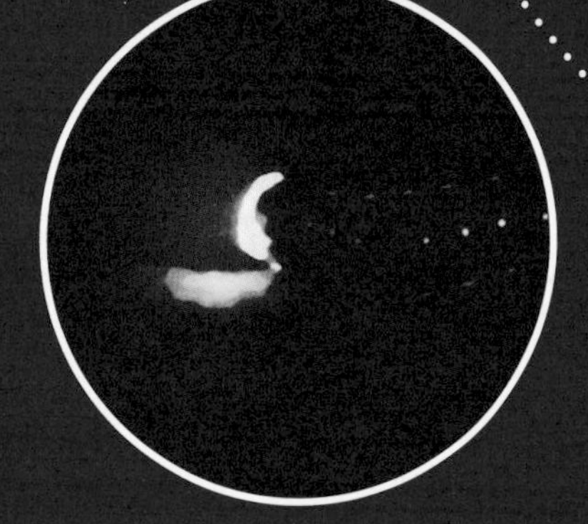

雌萤爬行的时候，有时会
同时点亮所有的发光器

黄宽缘萤

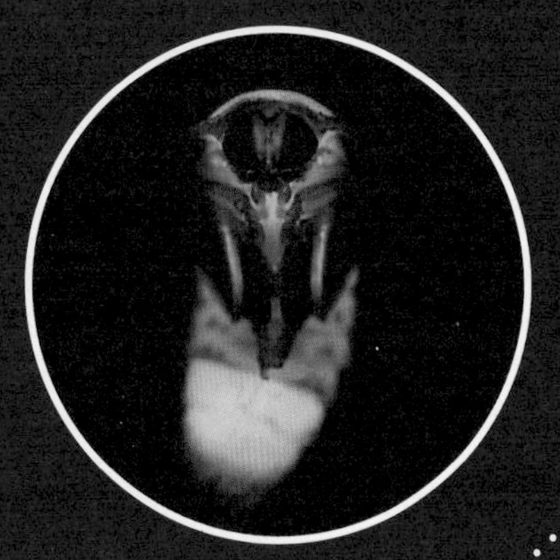
即将羽化的雄蛹
（有两节发光器）

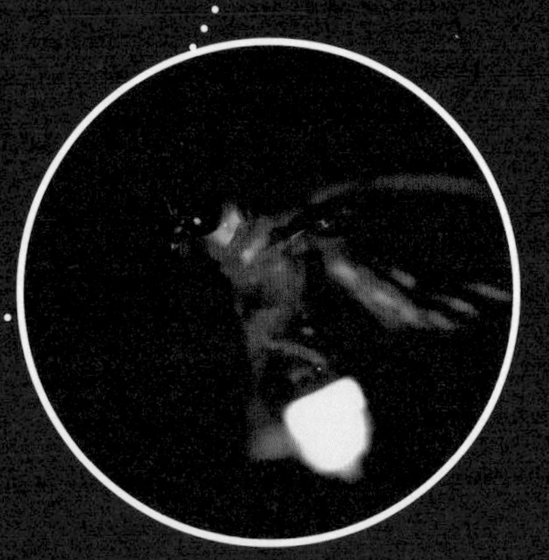
提灯的“中队长”在找
“小队长”

幼虫在寻找小螺

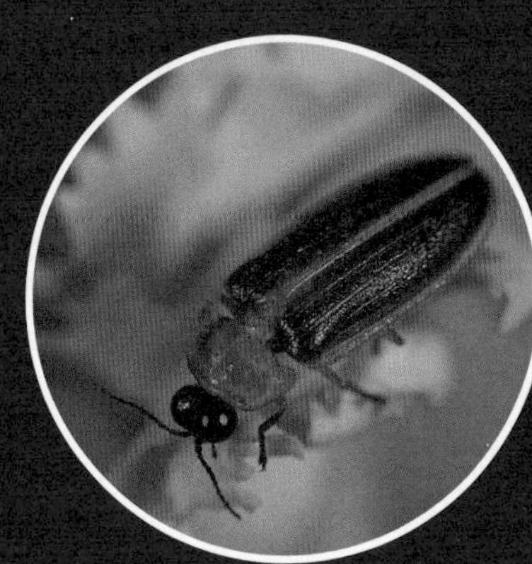
飞累了，休息一下

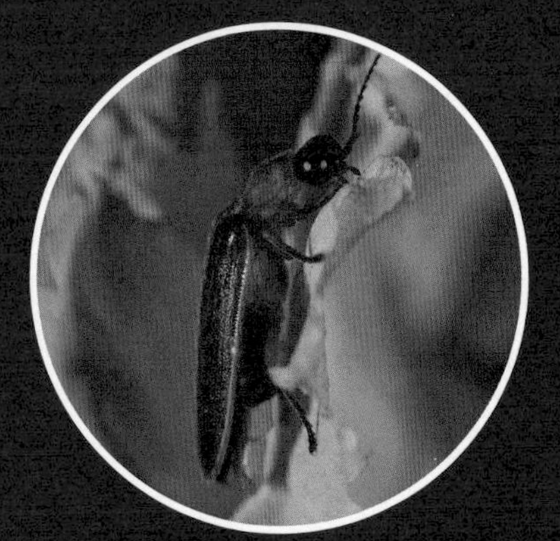
寻找伴侣的路上总
是很辛苦

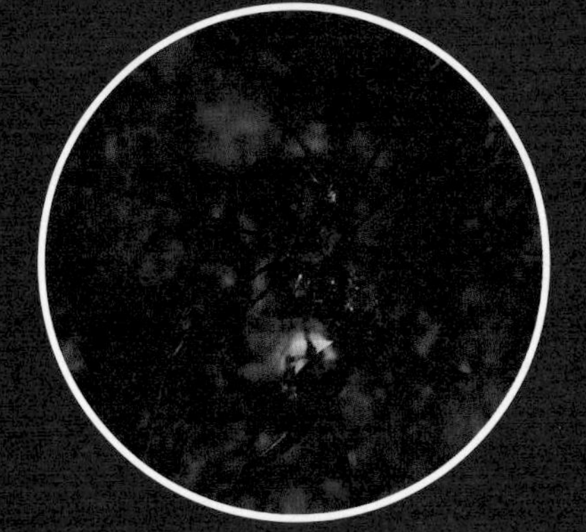
一只走起路来颤颤
悠悠的盲蛛走了好
运，捕到了一只雄萤

黄脉翅萤

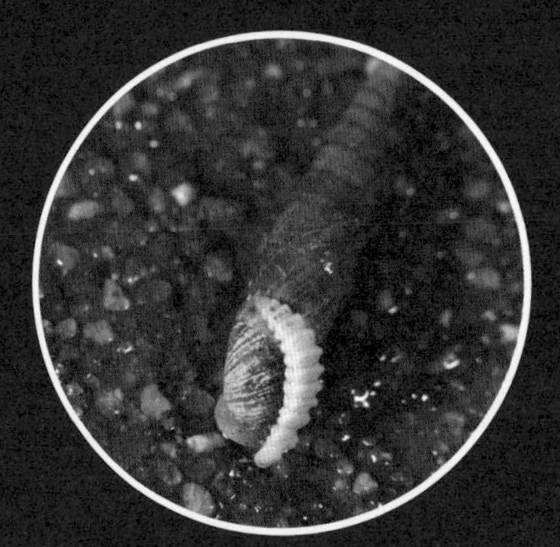

一出生，就要吃吃吃

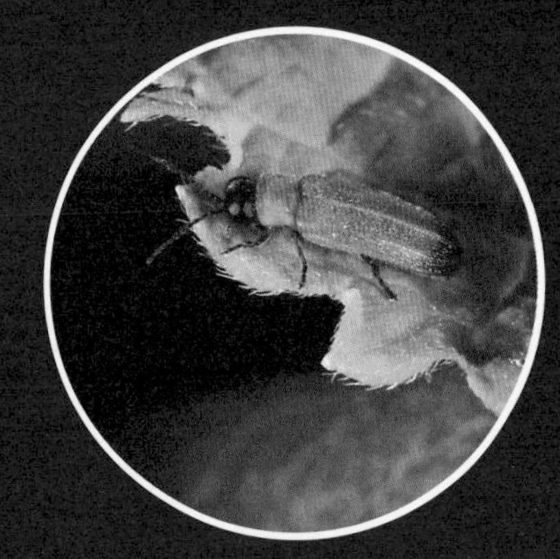

眼睛大大的雄萤

金边窗萤

“其貌不扬”的幼虫，却发光很亮

善飞的雄萤

无翅不飞的雌萤

雷式萤

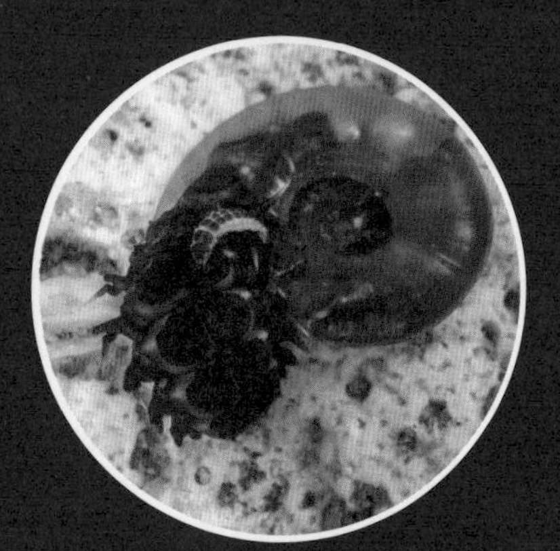

1 龄 和 4 龄
的幼虫 PK

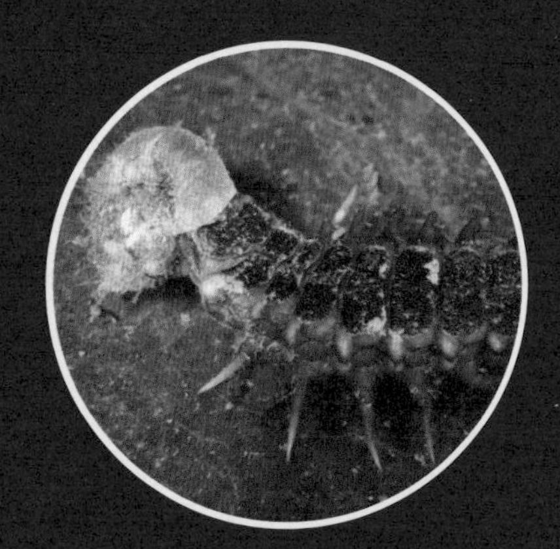

6 龄幼虫独自
捕食扁卷螺

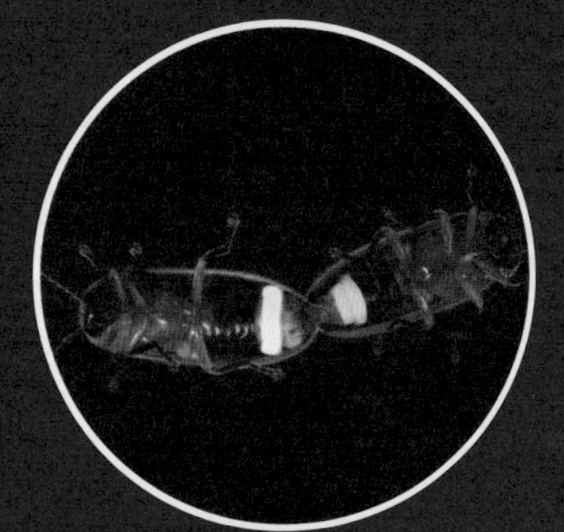

找到心爱的女
孩，成功交配

雌萤小心翼翼地产卵

“明眸善睐”的雄萤

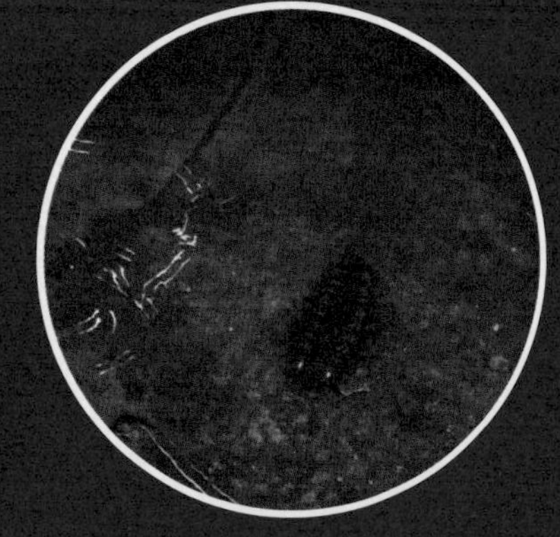

幼虫在水中发光警戒

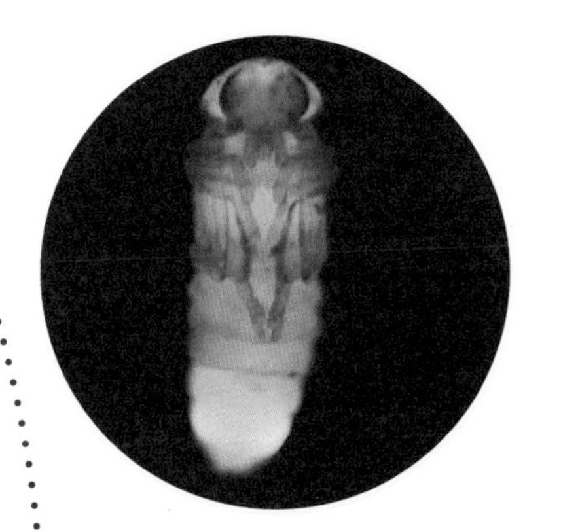

发光的雄蛹

一身黑色“铠甲”
的幼虫

幼虫在苔藓上漫步

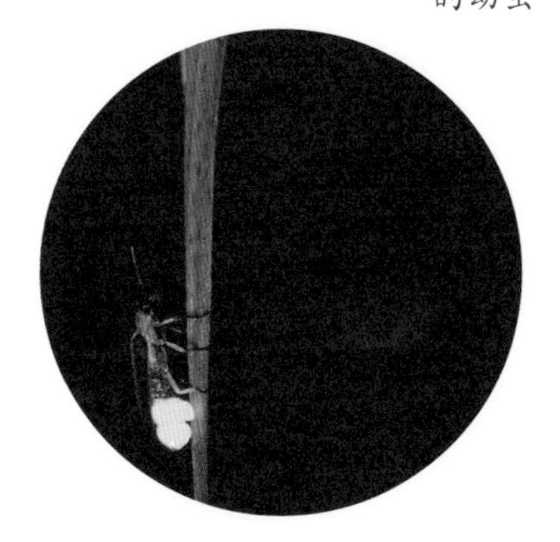

巨大的发光器帮助
雄萤找寻爱人

穹宇萤发光

栖息在草茎上的雄萤

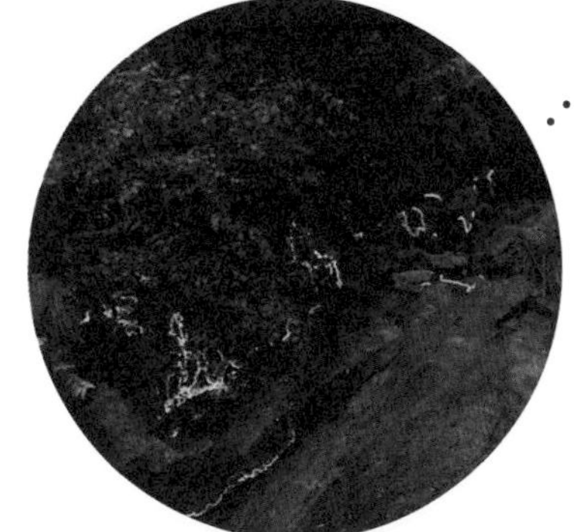

夜晚的萤光之路

三叶虫萤

幼虫有点像
“三叶虫”

善飞的雄萤

雌萤翅太短了，飞
不了啦

武汉萤

起飞前的“中队长”要做飞行
前的热身运动——快速闪光

在花上休息一下

后记

初中时父亲给我买了一套《十万个为什么》。书上讲萤火虫的幼虫可以麻醉蜗牛，并且将它们消化成肉汁喝进肚子，还会邀请同伴一起享用。童年中除此之外，再无萤火虫的概念，直到来武汉读研究生时才第一次碰到萤火虫。第一次的接触的确把我吓了一大跳。之后，我便彻底地痴迷萤火虫。许多人问为什么这么个山东大汉喜欢研究这么凄美的精灵，我想没有任何理由，就像爱一个人不需要理由一样。读书期间我只专注于探索萤火虫的奥妙，直到毕业留校后才走出湖北省去探索其他地区的萤火虫。我发现越来越多地方的萤火虫灭绝了，心被深深刺痛。我深深地觉得自己一个人的力量无法保护这美丽的精灵，应该让公众认识到萤火虫的美，才能唤醒人们保护它们的意识。于是，我自费购买了相机，开始拍摄那迷人的美，写科普文章宣传保护萤火虫的重要性，慢慢地发展成了这本书。

在我寻找萤火虫的过程中，许多朋友给了我鼓励和支持，让我有了继续前行的动力，我深受感动。2014 年我创立了（湖北省）守望萤火虫研究中心，以一个团队的力量去保护美丽却脆弱的萤火虫，努力使它们免受无良商家将它们从山里抓到城市里任其死亡来换取一点城里人惊叹的悲剧。尽管如此，还是有很多所谓的萤火虫主题公园开放，大量萤火虫没有在它们的家园里留下后代而横死城市之中。果真是亮了多少城，暗了多少虫。我们的力量比较渺小，只能踏踏实实做点小事和实事，希望人们能慢慢理解我们的苦衷，和我们一起保护萤火虫，给我们的孩子留下一份美丽。自 2015 年至 2017 年，我们连续发布了《中国活体萤火虫调查报告》，向公众和媒体揭露野生活体萤火虫买卖的黑幕和利益链条。终于，国家出面制止了许多萤火虫捕捉和销售的行为，淘宝的萤火虫买卖交易平台也关闭了。光进行呼吁是不够的，我想我需要进行实实在在的萤火虫落地保护，要建立萤火虫保护地。

2015年，我带领守望萤火虫研究中心，托管了湖北省咸宁市通山县厦铺镇大耒山。我希望在这22平方千米里面，建立中国第一个萤火虫保护地。在这5年中，我们尝遍了酸甜苦辣，也守望着越来越多的萤火虫。慢慢地，我们的萤火虫保护工作得到了社会的认可，许多政府部门也伸出了橄榄枝，邀请我建立萤火虫保护基地。于是，2019年9月，我们和浙江平湖市当湖街道一起建立了“长三角萤火虫研究及繁育中心”，开始依托这个基地保护长三角地区的萤火虫，并助力乡村振兴。

我有一个梦想，想跑遍中国，找齐咱们国家所有的萤火虫，建立更多的萤火虫保护地。为了这个梦想，我会一直寻找，一直旅行。我相信，在寻找萤火虫的旅行中，我的梦会逐渐清晰、逐渐实现，我也找到了真正的自己。一个朋友说，你不必把你的工作神圣化，工作就是一份工作而已。这句话，让我沉思了好久，我也认为是对的。可是我觉得我的萤火虫研究和保护工作就是很酷，就是会发光的工作，我就是喜欢。我只是单纯地喜欢这美丽的光，也想把这些发光的美丽带给大家。为此，我将不停地找寻，不停地旅行。一只萤火虫的旅行，也就是我自己的旅行，是我的自我觉醒。放下什么，捡起什么，似乎都是已经安排好的。是啊，我只要努力去做，剩下的一切都是最好的安排。

付新华

2020 年 2 月 2 日

封城武汉的狮子山下